Egbert Deekeling, Jahrgang 1955, ist Gründer und Managing Partner der Kommunikationsberatung *Deekeling Arndt Advisors*. *Deekeling* zählt zu den führenden Experten für komplexe Change- und Identity-Prozesse. Er berät CEOs, Kommunikationschefs und Topmanager. *Deekeling* hält Vorträge und Seminare im gesamten deutschsprachigen Raum und ist Autor zahlreicher Artikel und Buchpublikationen.

Olaf Arndt, Jahrgang 1965, ist Managing Partner der Kommunikationsberatung *Deekeling Arndt Advisors*. Zu seinen Beratungsschwerpunkten gehört das Executive Coaching, insbesondere in Krisensituationen und Phasen strategischer Neuausrichtung. Er unterstützt Topmanagement und Unternehmenskommunikation bei der Entwicklung strategischer Kommunikationsprogramme gegenüber Medien, Politik, Meinungsbildnern und dem Kapitalmarkt.

Weitere Informationen finden Sie im Internet unter:
www.deekeling-arndt.de

CEO-Kommunikation

Egbert Deekeling, Olaf Arndt

CEO-Kommunikation

Strategien für Spitzenmanager

Campus Verlag
Frankfurt/New York

Bibliografische Information der Deutschen Nationalbibliothek:
Die Deutsche Nationalbibliothek verzeichnet diese Publikation in der
Deutschen Nationalbibliografie. Detaillierte bibliografische Daten
sind im Internet über http://dnb.d-nb.de abrufbar.
ISBN 978-3-593-37948-7

Copyright © 2006 Campus Verlag GmbH, Frankfurt am Main
Umschlaggestaltung: Init GmbH, Bielefeld
Satz: Campus Verlag GmbH, Frankfurt am Main
Druck und Bindung: Druckhaus »Thomas Müntzer«, Bad Langensalza
Gedruckt auf säurefreiem und chlorfrei gebleichtem Papier.
Printed in Germany

Besuchen Sie uns im Internet: www.campus.de

Inhalt

Warum *CEO-Kommunikation?*

Was ist eigentlich ein CEO? Das Akronym steht für Chief Executive Officer und bezeichnet zunächst im angloamerikanischen Geschäftsverständnis den Chef, das Oberhaupt, den Führer eines Unternehmens.

In der Zwischenzeit hat sich die Bezeichnung CEO auch in unserer deutschsprachigen Geschäftswelt eingeschlichen. Wir gehen davon aus, dass sie sich in Zukunft einbürgern wird. In der Wirtschaftsliteratur ohnehin, in deutschsprachigen Wirtschafts- und Finanzmedien, auf Fachvorträgen und nicht zuletzt auf Visitenkarten deutscher Vorstands- und Geschäftsführungsvorsitzender lesen wir immer öfter das Kürzel CEO – oder ausgeschrieben: Chief Executive Officer. In der internationalen, globalisierten Geschäftswelt verständigen wir uns mit Schlagworten, mit universalen Begriffen und Versatzstücken, mit mehr oder weniger unmissverständlichen Titulierungen – zumeist aus der angelsächsischen Welt. Dazu gehört das Kürzel CEO. Es ist die universale Bezeichnung für Unternehmensführer, und zwar losgelöst von der landestypischen gesellschaftsrechtlichen Definition oder von Funktionszuschreibungen im Rahmen von Corporate-Governance-Regelungen.

In Deutschland unterscheiden wir noch zwischen Vorstand und Aufsichtsrat, in Frankreich residiert der PDG (Président Directeur Général oder Président du Directoire, die moderne Fassung), in Großbritannien regiert der Managing Director. Auf der globalen Bühne verwischen solche Nuancierungen. Wir gehen also davon aus, dass CEO als Bezeichnung für den Lenker von Unternehmen gleich welcher Größenordnung in Zukunft auch in der deutschsprachigen Welt über die Fachkreise hinaus akzeptiert und damit in den allgemeinen Sprachgebrauch übergehen wird.[1]

Wir meinen mit CEO alle diejenigen Unternehmensführer, die auf Vorstands- oder Geschäftsführerebene oberste Verantwortung für Unternehmen, Unternehmensbereiche, Units oder Divisions tragen. Und die damit auch die wichtigsten Sprecher und Repräsentanten sind. Sie verkörpern die Strategie, sie interpretieren die Unternehmenspolitik. Kurzum: Sie spielen in der internen und externen Öffentlichkeit eine herausragende Rolle – *die* herausragende Rolle.

Damit kommen wir zum Begriff *CEO-Kommunikation* – dem Titel unseres Buchs. In der Fachliteratur etabliert sich zunehmend diese Kategorie, ohne dass sie bereits wissenschaftlich definiert wäre. In den Veröffentlichungen wird dieser Begriff noch fast beiläufig gebraucht, und dennoch wird bereits ein interessantes Phänomen deutlich: Mit Bezug auf den oder die Unternehmensführer entwickelt sich ein neuer Gestaltungsbereich von Unternehmenskommunikation. Aufgrund seiner unternehmerischen Relevanz und der hohen Handlungskomplexität verbinden sich damit neue Rollenzuschreibungen und neue Prozessmuster, die die Praxis von Unternehmensführung und Unternehmenskommunikation nachhaltig beeinflussen werden. Wir sprechen deshalb nicht nur von einer neuen Praxis, sondern von einer neuen Managementdisziplin im Schnittpunkt von Strategie, Führung und Kommunikation.

Keineswegs neu ist dabei die Tatsache, dass Unternehmensführer umfangreiche Kommunikationsaufgaben erfüllen. Nur tun sie das bislang hauptsächlich in Richtung Kapitalmarkt: Aktionäre, Investoren, Analysten, Banker, Rating-Agenturen. Das entspricht dem gängigen Rollenverständnis eines Unternehmensführers als oberstem Kommunikator. Zwar unterscheidet sich die Welt des CEO eines börsennotierten internationalen Großkonzerns bedeutend von der des Chefs eines mittelständischen Unternehmens – der Transparenzdruck der Kapitalmärkte stellt unvergleichlich schärfere Anforderungen. Aber das ändert im Prinzip nichts am Rollen- und Prozessmuster von Kommunikation seitens der Unternehmensführung. Sie ist vom Selbstverständnis her kapitalmarktorientiert. Was sich daraus weiter entwickelt, zum Beispiel im Bereich der Führungskräftekommunikation, sind Derivate, mehr nicht. Das reicht heute nicht mehr aus!

Der Unternehmer – und da macht es keinen Unterschied, ob er Eigner oder angestellter Manager ist, ob er einem börsennotierten Unternehmen vorsteht oder eine mittelständische Firma leitet – gerät immer stärker ins Visier von Politik, Medien und Interessenverbänden unterschiedlichster Provenienz, rückt nicht selten sogar in die Rolle eines Buhmanns, einer stigmatisierten Person. Die Debatten um die Bezüge von Vorständen und Topmanagern, um Corporate Governance und Unternehmensethik zeigen ebenso wie die vom damaligen SPD-Vorsitzenden Franz Müntefering vom Zaun gebrochene »Heuschrecken«-Debatte: Unternehmen und insbesondere das Topmanagement geraten zunehmend unter Legitimationsdruck – und zwar auf unterschiedlichen Bühnen und gegenüber unterschiedlichen Interessengruppen: Kapitalmarkt, Gesellschaft, Politik und interne Bezugsgruppen haben unterschiedliche Erwartungen und vertreten sie mit Nachdruck.

Das darf man freilich nicht nur als Ergebnis politischer und medialer Kampagnen werten. Sondern es hat auch damit zu tun, dass die Bedeutung der Wirtschaft insgesamt gewachsen ist – und die Aufmerksamkeit für sie. Das mag damit zusammenhängen, dass die Wirtschaft nicht mehr so reibungslos funktioniert wie in früheren Jahren. Solange die Wirtschaft gut geölt lief und schier mühelos gesellschaftlichen Wohlstand schuf, blieb sie im Hintergrund öffentlicher Aufmerksamkeit. Doch als der Motor zu stottern begann, rückte sie in den Blickpunkt – und die Verantwortlichen werden auf die Bühne gezerrt und müssen Rede und Antwort stehen. Noch nie wurden Topmanager so häufig vor politische Gremien zitiert, mussten auf der Anklagebank Platz nehmen oder füllten die Schlagzeilen der Massenblätter wie heute.

CEOs, ob Vorstände oder Geschäftsführer, stehen im Rampenlicht – doch auf diese neue öffentliche Rolle sind sie meist gar nicht vorbereitet. In ihrem klassischen Managementverständnis ist die Funktion als öffentlicher Kommunikator gar nicht vorgesehen. Hinzu kommt: Durch diese neue – ungewohnte – Rolle steigt die Komplexität ihrer Aufgabe weiter. Sollen sie sich also dieser neuen Rollenzumutung verweigern? Die Antwort ist ein klares Nein. Dies wäre in einer von den Medien geprägten Gesellschaft gar nicht möglich. Und es wäre auch der falsche Weg. Denn Kommunikation muss als Teil der unternehmerischen Agenda verstanden werden. Sie gehört zum Job eines CEO dazu. Sie ist Kerngeschäft und darf daher nicht delegiert werden. Das ist die zentrale These dieses Buchs. Oder pointierter gesagt: Moderne Führung besteht heute in starkem Maße aus Kommunikation.

Die meisten Topmanager werden diesem Satz durchaus zustimmen – wie gesagt, wenn es um die Kommunikation gegenüber Investoren, Anlegern und Analysten geht. Nur die Kommunikation gegenüber Medien, Politik und Öffentlichkeit, auch gegenüber Führungskräften und Mitarbeitern wird häufig noch als etwas Jobfremdes gesehen. Als etwas, das eigentlich nicht in den Kernbereich der Aufgaben eines CEO fällt, aber irgendwie erledigt werden muss. Kommunikation als lästige Pflicht – bei vielen Unternehmensführern immer noch eine weit verbreitete Haltung.

Deshalb dieses Buch: Es will die Kommunikationspraxis in Unternehmen aus einem anderen – einem strategischen – Blickwinkel beleuchten. Im Mittelpunkt stehen nicht Tipps und Tricks, wie man vor einer Betriebsversammlung erfolgreich besteht, sich gegenüber den Medien präsentiert oder in einer Talkshow brilliert. Vielmehr geht es um ein grundlegendes Verständnis von Kommunikation als Kernaufgabe des Topmanagements. Es geht, wenn man so will, um eine strukturelle und inhaltliche Vorbereitung, um eine Veränderung der Grundhaltung gegenüber Kommunikation.

Wir wollen zeigen, wie man eine kommunikative Agenda als Teil der unternehmerischen Agenda entwickelt und umsetzt, weil die öffentliche Wirkung von Entscheidungen stets mitbedacht werden muss. Ziel ist die kommunikative Folgenabschätzung unternehmerischen Handelns – gleichwohl, ob es um die Bilanzpressekonferenz eines DAX-Konzerns geht oder um die Tariferhöhung eines kommunalen Versorgungsunternehmens.

Überall können unternehmerische Entscheidungen schnell zum Thema öffentlicher Auseinandersetzungen werden. Jeder Unternehmensführer kann plötzlich im Rampenlicht der Öffentlichkeit stehen – weil Stellen abgebaut werden, ein Betrieb verlagert wird, ein Unfall passiert ist, ein Produkt zurückgerufen werden muss, weil Preiserhöhungen zum Gegenstand einer öffentlichen Debatte werden oder weil ein Unternehmen wegen versiegender Gewerbesteuerzahlungen an den kommunalen Pranger gestellt wird. Immer dann ist Kommunikation gefordert – nur wird dies zu einer schwierigen Aufgabe, wenn Erfahrung, Verständnis und Sensibilität fehlen. Und das kann schnell zur Gefahr für Reputation und unternehmerischen Erfolg werden.

Unser Buch wendet sich deshalb an CEOs aller Unternehmensgrößen und »Gewichtsklassen«: an Vorstände großer Korporationen bis zu den Chefs größerer oder kleinerer mittelständischer Unternehmen. Für alle diese Träger unternehmerischer Verantwortung und für diejenigen, die in Konzernen und Unternehmen als Kommunikationsverantwortliche ihre

Unterstützung organisieren, haben wir dieses Buch geschrieben. Und nicht zu vergessen: auch für diejenigen, die heute in der zweiten Managementreihe stehen und die ihre nächsten Karriereschritte planen. Wie gesagt: Wir reden von einer neuen Managementdisziplin, von einer erfolgskritischen Aufgabe in der Unternehmensführung. Dabei leiteten uns immer wiederkehrende Beobachtungen und Erfahrungen, die wir folgendermaßen zusammenfassen können:

1. Das Bewusstsein deutscher CEOs in Bezug auf ihre Rolle als Kommunikatoren ist trotz aller Professionalisierung von Unternehmenskommunikation nach wie vor gering ausgeprägt. Offensichtlich besteht hier großer Lernbedarf.
2. Die hohe Professionalität von im weitesten Sinne kapitalmarktbezogener Kommunikation kontrastiert auffällig mit der überwiegend nur rudimentär entwickelten Praxis strategisch geplanter und gestalteter Unternehmenskommunikation. Die interessante Frage lautet: Warum ist das so? Wir versuchen, dafür Erklärungen zu finden.

Jedenfalls sehen wir die Chance, unsere Beobachtungen, Erfahrungen und Kenntnislage aus unserer Beratungspraxis für die Kolleginnen und Kollegen in den Kommunikationsbereichen der Konzerne und Unternehmen »belästigungsfrei« anzubieten und in Form von Handlungsempfehlungen aufzuarbeiten. Wir glauben, dass wir mit diesem Verständnis, das aus unserer spezifischen Perspektive als externe Kommunikationsberater herrührt, einen Beitrag zur Professionalisierung von CEO-Kommunikation leisten können – nicht mehr, aber auch nicht weniger.

Dieses Buch ist also für die Praxis gedacht und ist nah am Unternehmensalltag geschrieben. Zahlreiche Beispiele mehr oder weniger erfolgreicher CEO-Kommunikation illustrieren unsere Thesen. Allesamt handelt es sich um Fälle, die durch die Medien gegangen sind; teils wurden sie – wie Ackermanns Victory-Zeichen – zum Sinnbild für den überheblichen Manager stilisiert. Wir interpretieren diese Beispiele neu und zeigen übergreifende Zusammenhänge auf. Wir erzählen diese Management-Stories jedoch nicht, um vorzuführen, wie man es hätte besser machen können. Sondern um zu zeigen, unter welch schwierigen Bedingungen CEOs agieren, wenn sie auf dem glatten Parkett öffentlicher Aufmerksamkeit stehen. Wir, die wir als Berater an vorderster Kommunikationsfront tätig sind, möchten dem Eindruck entgegentreten, wir würden hier Interna ausbreiten. Wir plaudern nicht »aus dem Nähkästchen« – im Gegenteil: Wir haben alle unsere Beispiele mit Hilfe der Presseberichterstattung aus Sicht der Öffentlichkeit rekonstruiert. Es geht ja um Wahrnehmung – und der zunächst wichtigste Bezugspunkt dafür sind die Spiegelungen der Medien. Deren Verlautbarungen konnten wir bis Anfang Oktober 2006 berücksichtigen. Dann war Manuskriptschluss und für uns Ende der Geschichte. Die wird aber – wie wir alle wissen – fortgeschrieben, und zwar über und von Personen und Unternehmen. Das ist unvermeidlich und mag in den darauf folgenden Monaten neue Erkenntnisse zutage fördern oder zu neuen Bewertungen führen. Darauf möchten wir sicherheitshalber hinweisen.

Hinweisen – und zwar dankbar und respektvoll – möchten wir zudem auf die Kolleginnen und Kollegen, die uns bei der Entstehung dieses Buchs tatkräftig zur Seite standen. An erster Stelle seien hier die Kommunikationskolleginnen und -kollegen auf der Unternehmensseite genannt. Ohne ihre Unterstützung wäre dieses Buch nicht entstanden. Wir verdanken ihnen zahlreiche Hinweise, Anregungen und kritische Anmerkungen. Insbesonders ihre Ansprüche waren für uns der wichtigste Maßstab für die Qualität unserer Argumentationsführung.

Unser Dank gilt darüber hinaus unseren Redaktionskolleginnen und -kollegen Winfried Kretschmer, Susanne Theisen-Canibol und Myrto Athanassiou. Sie standen uns beim Abfassen des Manuskripts tatkräftig und geduldig zur Seite. Das war nicht immer einfach. Ihr Input und ihre Beiträge sind deshalb nicht hoch genug einzuschätzen.

Ja, und dann unser »Buchteam«: Manuela Stein, Dr. Bärbel Götz-Barghop und Ute Rübenstahl. Gemeinsam mit uns haben sie dieses Buchprojekt organisiert und inhaltlich aufbereitet. Bei ihnen liefen alle Fäden zusammen. Auch dafür: großen Respekt und großen Dank.

Und nicht zu vergessen unsere Kolleginnen und Kollegen von *Deekeling Arndt Advisors*! So ganz genau wussten wir nie, ob sie unsere Aufforderung zum »Mitlesen« als Bereicherung oder Belästigung aufgefasst haben. Jedenfalls: Viele haben gelesen, viele ihrer Anmerkungen schärften unseren Blick und fanden ihren Platz in unseren Ausführungen. Auch dafür herzlichen Dank.

Egbert Deekeling und *Olaf Arndt*

Anmerkung

1   In einem einschlägigen Dictionary wird der Begriff »chief executive officer« wie folgt definiert: »The person appointed by the board of directors of a company, corporation or other organization has to ensure that its decisions are implemented so that the organization follows the principles laid down by the board in its day-to-day operations. The chief executive officer (CEO) is sometimes also a director or president or chairman. The different functions of the organization are coordinated by the CEO« (Rutherford, D.: Dictionary of Economics, London, New York 1992, S. 70).

Im Deutschen wird CEO üblicherweise mit »Vorstandsvorsitzender« übersetzt. Der Hauptunterschied zwischen einem deutschen Vorstandsvorsitzenden oder Vorstandssprecher und einem CEO des angelsächsischen Modells liegt in der unterschiedlichen Machtfülle, hergeleitet aus dem deutschen respektive angelsächsischen Corporate-Governance-System. Ein angelsächsischer CEO ist – nach deutscher Terminologie – zumeist Vorstands- und Aufsichtsratschef in einer Person.

Erstaunlich ist, dass, obwohl sich der Begriff »CEO« auch im deutschen Sprachgebrauch mehr und mehr durchsetzt, er in zahlreichen deutschsprachigen Wirtschaftslexika nicht auftaucht oder nur im Zusammenhang mit dem »Board of Directors« Erwähnung findet (vgl. Rittershofer, W.: Wirtschafts-Lexikon. Über 4000 Stichwörter für Studium und Praxis, 3. Aufl., München 2005).

Eine Begriffsgenese bleibt jedoch in allen untersuchten Lexikoneinträgen aus. Betrachtet man die einzelnen Bestandteile des Begriffs »Chief Executive Officer«, so bietet das Oxford Dictionary einiges an Aufschluss über Etymologie und Semantik. Chief: Der Gebrauch des Wortes Chief ist bis in das 13. Jh. zurückführbar. Es meint beispielsweise: »The head of a body of men, of an organization, state, town, party, office, etc.; foremost authority, leader, ruler« (Simpson, J.A./Weiner, E.S.C., The Oxford English Dictionary, 20 Bde, 2. Aufl., Oxford 1989, Bd. III, S. 109). Executive: Die prominenteste Verwendung findet sich im Trias eines demokratischen Rechtsstaates: Judikative, Legislative, Exekutive (= vollziehende Gewalt). Diese Verwendung ist bis ins 17. Jh. zurückführbar. Die Exekutive hält die Regierung – im Falle der USA ist dies der Präsident, der »chief executive« (ebd., Bd. V, S. 522). Eine weitere Verwendung des Begriffs mit Bezug auf den Businesssektor ist bis in die frühen Anfänge des 20. Jh. zurückzuführen. »A person holding an executive position in business organization; a person skilled executive or administrative work; a business man. Also attrib. orig. U.S.« (ebd., Bd. V, S. 522). Officer: Ursprünglich im Militärischen genutzt, wurde der Begriff in der Bedeutung »to command, direct; to lead, conduct, manage; to escort« auch auf andere Bereiche übertragen (ebd., Bd. X, S. 733).

Einleitung

Organisation von Wahrnehmung

> Kommunikation muss als Teil der unternehmerischen Agenda
> verstanden werden. Sie gehört zum Kerngeschäft eines
> CEO und darf nicht delegiert werden. Die Organisation von
> Wahrnehmung ist der Schlüssel für den Unternehmens-
> erfolg – und damit auch für den Erfolg des CEO.

Das Jahr 2006 hat alle Chancen, als »Annus horribilis« in die Annalen der deutschen Wirtschaftsgeschichte einzugehen. Dabei ist es nicht die wirtschaftliche Performance, die zu dieser kritischen Bewertung führt, sondern das mediale Debakel zweier Unternehmen und ihrer Lenker, die bis dahin eher für frischen Wind und kluge Kommunikationsstrategien standen. Jörg Eigendorf, Ressortleiter Wirtschaft und Finanzen der *Welt*, charakterisierte Allianz-Chef Michael Diekmann ebenso wie den Siemens-Vorstandsvorsitzenden Klaus Kleinfeld in einem Leitartikel im Sommer 2005 als »bodenständig und nahbar«[1] und sah in ihnen Musterbeispiele für eine neue Managergeneration.

Was war passiert? Michael Diekmann, seit Frühjahr 2003 Chef des größten deutschen Versicherungskonzerns, hatte in einem schrittweisen Prozess den Umbau seines Unternehmens betrieben und die Entflechtung mit der Münchener Rück vollendet. Diekmann galt in der Öffentlichkeit als Vertreter einer neuen Managergeneration, die mit den Verkrustungen der Deutschland AG aufräumt, in der die Allianz lange eine zentrale Rolle gespielt hatte. Außerdem wurden Unwuchten, die durch den Wachstumskurs des Vorgängers entstanden waren, konsequent begradigt. Schließlich formte Diekmann die Allianz als ersten DAX-Konzern zu einer Aktiengesellschaft nach europäischem Recht um – was öffentlich als Aufbruchsignal wahrgenommen wurde. Auch wirtschaftlich blieb der Erfolg nicht aus: Im März 2006 konnte Diekmann ein hervorragendes Ergebnis des abgelaufenen Geschäftsjahres präsentieren.

Doch seit Herbst 2005 verdichteten sich Gerüchte, dass Diekmann auch das bisher als soliden Ertragsbringer präsentierte inländische Versicherungsgeschäft als sanierungsbedürftig ansah. Von einem Stellenabbau von bis zu 8000 Mitarbeitern war die Rede. Tatsächlich bestätigte Diekmann diese Zahl auf der Bilanzpressekonferenz Anfang 2006, vermied aber genauere Festlegungen. Beobachter werteten dieses als Versuch, die Falle zu vermeiden, in die die Deutsche Bank und Josef Ackermann ein Jahr zuvor mit der gleichzeitigen Verkündung von Rekordergebnis und Stellenabbau geraten waren (siehe Kapitel 2).

Als dann aber Ende Juni 2006 die Detailpläne bekannt wurden, ließ sich der Proteststurm trotzdem nicht verhindern. Mitarbeiter zogen demonstrierend vor Standorte, die von Schließung bedroht waren. Entsprechende Fernsehbilder flimmerten in den Wohnzimmern der deutschen Bevölkerung. Und Politiker wie Jürgen Rüttgers, Ministerpräsident von Nordrhein-Westfalen, und Oskar Lafontaine, Fraktionschef der Linkspartei im Bundestag, ließen ihrem Unmut freien Lauf. Am Ende war in den Medien von einer Kommunikationspanne die Rede. Michael Diekmann stand nun als kalter Turbokapitalist da.

Auch Klaus Kleinfeld konnte seit seinem Start als CEO von Siemens Anfang 2005 eine positive Resonanz vorweisen. Von Beginn an beschritt er neue Wege in der Kommunikation und wurde für seinen offenen, verbindlichen Stil gelobt. Er galt als Sanierer und Umstrukturierer; intern und extern wurde er als derjenige angesehen, der anpackt, was der Vorgänger liegen gelassen hatte. Darauf werden wir an mehreren Stellen noch genauer eingehen. Dieses Image wurde, so der Eindruck von Beobachtern, sorgsam gepflegt. Auch eine harte Entscheidung, wie die Handysparte an den taiwanesischen Wettbewerber BenQ zu verkaufen, wurde als notwendige Maßnahme hingenommen, zumal Siemens die Seriosität des Erwerbers betonte.

Dieses Bild wird wie von einem ersten Herbststurm innerhalb weniger Tage im September und Oktober 2006 weggeblasen. Erst findet die schon länger verfolgte Erhöhung der Vorstandsgehälter trotz vereinbarter Vertraulichkeit ihren Weg in die *Bild-Zeitung*; von 30 Prozent mehr ist die Rede. Einen Tag Gesprächsthema auf allen Baustellen und an den Stammtischen der Republik, und scheinbar ganz Deutschland geißelt Klaus Kleinfeld als gierigen Manager. Und das, obwohl nicht der Vorstand selber, sondern der Aufsichtsrat die Gehaltspolitik festlegt. Und gleichfalls soll nicht nur Kleinfeld, sondern der gesamte Vorstand der Siemens AG Begünstigter dieser Initiative aus dem Kontrollgremium sein. Doch im Wesentlichen der Mann an der Spitze, der CEO, wird zur Projektionsfläche der öffentlichen Kritik. Nicht allein der »kleine Mann auf der Straße«, für den die Vergütungen von Spitzenmanagern ohnehin nur schwer nachvollziehbare Größenordnungen erreicht haben, erzürnt sich. Auch die »üblichen Verdächtigen« in der Politik, die seit Monaten beim Thema Vorstandsgehälter stereotyp immer wieder das Lied der »Maßlosigkeit« und »Instinktlosigkeit« singen, werden auf den Plan gerufen und heizen das mediale Feuer weiter an. Erklärungen des Siemens-Aufsichtsratsvorsitzenden Heinrich von Pierer, die für sich genommen sicherlich nachvollziehbar sind, verfangen nicht hinreichend. Natürlich geht es im globalen Wettbewerb um die besten Manager auch ganz zentral um Vergütungsfragen, sicherlich sind die Siemens-Topmanager im Vergleich zu anderen Kollegen im DAX oder globalen Wettbewerbern eher unterdurchschnittlich bezahlt. Doch: Recht zu haben und in der öffentlichen Meinungsbildung Recht zu bekommen, sind in der heutigen medialen Welt zweierlei Dinge. Dies ist eine bittere Erkenntnis gerade für Topmanager, die vielfach nur im Umgang mit Kennziffern und Benchmarks gedrillt sind. Im Falle der – mittlerweile verschobenen – Erhöhung der Vorstandsbezüge bei Siemens konstatierten denn auch einige Kommentatoren, dass zumindest der Zeitpunkt falsch gewählt worden sei. Und einige Tage später zitiert das *Handelsblatt* einen Pressesprecher, der einräumt, dass Siemens »die politische Dimension unterschätzt« habe.[2]

Doch ehe das Thema »Vorstandsvergütung« richtig verarbeitet ist, kommt der nächste Schlag, der zu einer noch unglücklicheren kommunikativen Verquickung führt: Die an BenQ veräußerte Handysparte, einer der von Kleinfeld verordneten Einschnitte, meldet Insolvenz an, die rund 3000 Arbeitsplätze sind in Gefahr. Obwohl Siemens durch den Verkauf rechtlich aus dem Obligo ist, sieht die Öffentlichkeit Kleinfeld in der Verantwortung für eine Lösung. Jetzt meldet sich erneut die Politik zu Wort. Jürgen Rüttgers etwa solidarisiert sich auf einer Kundgebung mit den Mitarbeitern des insolventen Unternehmens. Auch jetzt, so schreiben Beobachter, kommt die Reaktion des Unternehmens zu spät, bleibt defensiv. Selbst die seriöse Wirtschaftspresse behandelt die kommunikative Dimension des komplexen Themas und spricht von »Kleinfelds Kommunikations-GAU« (*Handelsblatt*) oder »Kleinfelds Chaos-Tagen« (*Frankfurter Allgemeine Zeitung*). Das Unverständnis über das Verhalten des Unternehmens ist mit Händen zu greifen.

Trotz aller Unterschiede im Detail zeigen die beiden Fälle Siemens und Allianz deutliche Parallelen:

- »Opfer« wurden CEOs, die bisher eher klar und konsequent kommuniziert haben.
- Beide CEOs sind an den wirtschaftlichen Ergebnissen gemessen unternehmerisch erfolgreich.
- Sowohl für die Gehaltserhöhung wie für den Personalabbau gibt es gute, rational nachvollziehbare Gründe. Ein Abgleich dieser für die Wirtschafts-Community geeigneten Argumente mit möglichen öffentlichen Reaktionen und eine entsprechende wirksame Erweiterung der Argumentation ist aber nicht zu erkennen. Beide Unternehmen sind in der entscheidenden Phase nicht durchgedrungen; ihnen ist schlicht nicht geglaubt worden oder sie sind an moralischen Maßstäben von Öffentlichkeit und Politik abgeschmettert, die sie selber offensichtlich nicht oder nur unzureichend bewertet haben.
- Gewichtigen Einfluss auf den Prozess nimmt die Politik, die damit die Mechanismen der Skandalisierung – Ausfluss des permanenten Wahlkampfs – auch in die Sphäre der Unternehmen trägt. Diese politische Komponente wurde in beiden Fällen offensichtlich nicht hinreichend durchdacht und in ihren möglichen Folgen berücksichtigt.
- Kommunikation und vermeintliche Fehler in der Kommunikation werden Thema in der Berichterstattung auch der Wirtschaftsmedien und bekommen so Geschäftsrelevanz.
- Schließlich: Beide CEOs hätten sowohl bei dem Thema Vorstandsgehälter wie Stellenabbau / Rekordgewinne das Beispiel Deutsche Bank studieren können.

Dieser erste Aufriss zeigt, dass die Organisation von Wahrnehmung wahrlich keine triviale Aufgabe ist. Hinzu kommt, dass sich in den letzten Jahren die Rahmenbedingungen gravierend verändert haben, unter denen heute Unternehmen agieren. Dieser Prozess ist in starkem Maße mit dem Namen der Firma Enron verbunden.

Spätestens nach dem Zusammenbruch des US-Energiekonzerns, eine Folge krimineller Machenschaften des Topmanagements, ist die Wirtschaftswelt nicht mehr die gleiche. Der Skandal bedeutet eine tiefe Zäsur.

Eine Dimension: Der Staat greift immer stärker in Fragen der Unternehmensführung ein. Neue Gesetzesvorschriften regulieren den Kapitalmarkt, detaillierte Regelwerke und Ausführungsbestimmungen schaffen nie gekannte Anforderungen an die Transparenz von Geschäftsprozessen. Auf die illegalen Bilanztricks bei Enron und auch des US-Telekommunikationskonzerns Worldcom reagierte der Kongress der Vereinigten Staaten von Amerika mit einem neuen Gesetz, dem nach den beiden Initiatoren Paul Sarbanes und Michael Oxley benannten Sarbanes-Oxley-Act. Die US-Börsenaufsicht SEC (Securities and Exchange Commission) erließ zahlreiche detaillierte Durchführungsverordnungen, die zum Teil auf heftige Kritik betroffener Unternehmen stießen. Die Transparenzanforderungen sind enorm; Unternehmen werden bis in die kleinsten Kapillare durchleuchtet. Diese Vorschriften, die auch in der Bundesrepublik teils bereits verabschiedet wurden, teils noch vorbereitet werden, signalisieren eine Trendwende[3]: Die grundlegende Unschuldsvermutung gegenüber Unternehmen gilt nicht mehr. Die Zeichen stehen auf mehr Kontrolle, nicht länger auf mehr Freiraum für unternehmerisches Handeln. Eine andere Dimension: Nicht nur der rechtliche Rahmen hat sich verändert. Moralische Maßstäbe sind mehr und mehr in das Blickfeld der Öffentlichkeit geraten. Unternehmen und ihre obersten Repräsentanten stehen immer stärker unter öffentlicher Beobachtung. Sie müssen sich nicht nur kritische Fragen und die Forderung nach Transparenz gefallen lassen. Nicht zuletzt wird ein klares, glaubwürdiges Bekenntnis zu einer wertorientierten, nachhaltigen Unternehmensführung gefordert. Die Unternehmen haben den Vertrauensvorschuss, den sie bislang genießen konnten, eingebüßt. Ihre Glaubwürdigkeit hat gelitten. Nicht zuletzt waren die Skandale Wasser auf die Mühlen der Kapitalismuskritiker, die sich in den vergangenen Jahren verstärkt zu Wort gemeldet haben.

Mehrere Entwicklungsstränge haben dazu geführt, dass die Wirtschaftswelt heute komplexer geworden ist als je zuvor. Mit dem Fall des Eisernen Vorhangs und dem Zusammenbruch des sozialistischen Länderblocks hat die Globalisierung rapide an Tempo gewonnen. Längst betrifft sie nicht mehr nur Unternehmen, die auf globalen Märkten agieren. Vielmehr sind die globalen Märkte – und das meint Globalisierung – längst hier angekommen. Abgeschottete Märkte gibt es nur noch in engen Nischen, ansonsten konkurrieren und kooperieren Unternehmen über frühere Grenzen hinweg.

Nicht zuletzt sind neue Akteure auf den Plan getreten. Seit sich in den Siebzigerjahren die ersten Bürgerinitiativen für Umweltschutzbelange stark machten, sind die unabhängigen Interessengruppen zu einer mächtigen politischen Kraft angewachsen. NGOs – Nichtregierungsorganisationen – agieren in vielen Themenfeldern als unabhängige und gleichberechtigte Interessenvertretung neben wirtschaftlichen Organisationen und staatlichen Institutionen. Hinzu kommt eine grundlegende Veränderung der internen Strukturen der deutschen Wirtschaft: Unter dem Druck der Globalisierung zerbrach die Deutschland AG, jenes gewachsene Netzwerk aus einheimischen Kapitalgebern, Banken und Industriekonzernen, das gelegentlich auch als »Rheinischer Kapitalismus« bezeichnet wird und sich durch eine Abschottung gegenüber den internationalen Märkten auszeichnet. Das Abbröckeln dieser Allianz war eine entscheidende Zäsur für die deutsche Wirtschaft. Nicht zuletzt beschleunigten auch das Ende der D-Mark und die Einführung des Euro den wirtschaftlichen Wandel in Deutschland.

Ein weiterer Punkt kommt hinzu: Diese grundlegenden Veränderungen blieben unverstanden – und unerklärt. Während die forcierte Globalisierung nationale Grenzen unterspülte, hielt die Politik an einem nationalstaatlichen Wirtschaftsbild fest und gab damit einer Interpretation Nahrung, die Globalisierung allein als externe Bedrohung sieht. So ließ sich von hausgemachten Problemen ablenken. Die Folgen für die Unternehmen sind freilich fatal: Sie haben allein die Interpretationsarbeit zu leisten und geraten dabei in einen Erklärungsnotstand. Sobald sie auf die verschärfte internationale Konkurrenz verweisen, erscheint dies nur als vorgeschobenes Argument für Arbeitsplatzabbau und Profitmaximierung.

Globale Märkte, neue Akteure, zunehmendes Tempo, Auflösung gewachsener Strukturen – die Welt ist komplexer geworden. Zu komplex für einfache Modelle, die in der Regel die Wirklichkeit auf ein einfaches Muster reduzieren – oder anders gesagt: den Lichtkegel der Wahrnehmung auf bestimmte, hervorstechende Merkmale richten, während andere im Dunkeln bleiben. Die Hervorhebung bestimmter Facetten bei Vernachlässigung anderer ist ein Grundmuster menschlicher Wahrnehmung. Menschen unterscheiden sich eben darin, dass sie bestimmten Dingen mehr und anderen weniger Aufmerksamkeit schenken und diesen demzufolge mehr oder weniger Wert beimessen. Und Gleiches gilt für Gruppen von Menschen: Verschiedene Gruppen, egal welcher Art, differenzieren sich nicht zuletzt dadurch, dass sie über unterschiedliche Deutungsmuster verfügen und daher ihre Umwelt ein Stück weit anders wahrnehmen als andere Gruppen.

Die Tatsache, dass verschiedene soziale Gruppen über unterschiedliche Deutungsmuster verfügen, ist eine zentrale Grundannahme dieses Buchs. Und diese Einsicht ist folgenreich. Denn wenn eine Gruppe oder Organisation sich nicht nur an die eigene Klientel oder eine bestimmte andere Gruppe wendet, sondern mit mehreren, verschiedenartigen Gruppen zu tun hat, dann wird Kommunikation zu einer vielschichtigen Aufgabe, weil sie sich mit verschiedenen Mindsets auseinandersetzen, also unterschiedliche Deutungsmuster bedienen muss. Und genau das ist bei Unternehmen – wie auch bei vielen anderen sozialen Organisationen – der Fall. Unternehmen stehen in Beziehung zu diversen Gruppen, die zahlreiche Interessen und Erwartungen an sie herantragen: die Kapitalgeber und Anteilseigner, die Mitarbeiter und deren Interessenvertretungen, das Management, die Lieferanten, die Kunden, die lokale Kommune und so weiter. Als Bezugsgruppe kann auch die Gesellschaft als Ganzes in Erscheinung treten: dann nämlich, wenn sie aufgrund der Größe und Marktbedeutung eines Unternehmens eine besondere Verantwortung im Hinblick auf den Erhalt von Arbeitsplätzen und die Wahrnehmung von Gemeinwohlinteressen einfordert oder wenn sie eine Anstoßwirkung für die Lösung künftiger gesellschaftlicher Fragen erwartet. Auf die unterschiedlichen Ansprüche, mit denen Unternehmen konfrontiert sind – und die zuweilen auch auf sie einstürzen –, werden wir im ersten Kapitel noch genauer eingehen. Bis dahin dürfte aber hinreichend deutlich geworden sein, dass die Vielfalt von Ansprüchen und Erwartungen, mit denen es Unternehmen zu tun haben, eine hochkomplexe Umwelt bilden – zumal jede dieser Bezugsgruppen sich durch ein eigenes Deutungs- und Interpretationsmuster auszeichnet. Hiervon hängt es wiederum ab, wie ein Unternehmen von der jeweiligen Bezugsgruppe wahrgenommen wird: als Firma mit guter Performance, als guter Arbeitgeber, als fairer Geschäftspartner, als emotionale Marke und so weiter.

Während sich das Umfeld, in dem Unternehmen agieren, weiter fragmentiert, ist ein gegenläufiger Prozess zunehmender Personalisierung und Fixierung auf einzelne Topmanager zu beobachten. Denn Unternehmen werden in immer stärkerem Maße mit ihrem CEO identifiziert. Der CEO ist die Projektionsfläche für den Erfolg oder Misserfolg eines Unternehmens. Er wird verantwortlich gemacht für Dinge, die gut und die weniger gut laufen. Er ist der Kopf des Unternehmens, nicht nur in der Organisationshierarchie, sondern auch im ganz wörtlichen Sinne: Sein Gesicht steht für das Unternehmen. Im Umkehrschluss bedeutet das: Wie erfolgreich ein Unternehmen ist und wie effizient es seine Ziele umsetzt, hängt auch davon ab, wie der CEO und seine Managementleistungen wahrgenommen werden – nicht allein, aber doch in hohem Maße. Die Organisation von Wahrnehmung ist damit der Schlüssel für den Unternehmenserfolg – und damit wiederum auch für den Erfolg des CEO. Ganz unabhängig davon, ob diese Einsicht in sein persönliches Deutungs- und Managementmuster passt.

Organisation von Wahrnehmung zielt so gesehen darauf ab, die beabsichtigte öffentliche Interpretation des unternehmerischen Wirkens von Topmanagern sicherzustellen. Der CEO muss, so die Kernthese, selbst aktiv werden, um sein Bild in der Öffentlichkeit zu prägen – und damit das des Unternehmens. Dies setzt voraus, dass die Kommunikation nicht nur die Bezugsgruppen, ihre Mindsets und spezifischen Befindlichkeiten im Blick hat und sie zu berücksichtigen weiß, sondern auch, dass das nach außen getragene Selbstbild des Unternehmens und seines CEO in sich stimmig und glaubwürdig ist.

Der CEO als großer Kommunikator? Als Treiber nicht nur der unternehmerischen, sondern auch der Kommunikationsprozesse? In deutschen Unternehmen hat sich diese Einsicht längst noch nicht durchgesetzt. Dennoch gibt es viel versprechende Anzeichen für einen Wandel in den Führungsetagen. In einer ganzen Reihe von Unternehmen hat eine neue Generation von Managern die Führung übernommen. Sie spielen aktiv die Rolle des Kommunikators, verstehen sich als oberster Wahrnehmungsmanager des Unternehmens und akzeptieren damit auch ihre öffentliche Rolle – freilich ohne sie zu zelebrieren, wie dies noch Managementstars wie Ron Sommer getan hatten. Für dieses neue Rollenverständnis steht etwa Dieter Zetsche (DaimlerChrysler). Er war es auch, der das neue Bild des CEO in einem Interview mit der *Frankfurter Allgemeine Sonntagszeitung* prägnant auf den Punkt brachte. Es sei schon überzogen, wenn alles an einem Kopf – dem des CEO – festgemacht werde, räumte er ein. »Aber so funktioniert die heutige Welt. In den Medien wird gern personifiziert, im Sport, auch in Wirtschaft und Politik.«[4] Damit habe sich die Fixierung auf die Köpfe an der Spitze verstärkt, betont Zetsche: »Wenn früher die Maxime galt, ein Unternehmen möglichst still und unscheinbar zu führen, so können Sie das heute nicht mehr postulieren. Ein Teil des Unternehmenserfolgs hängt daran, sich in der Öffentlichkeit positiv zu behaupten.« Wir zitieren das so ausführlich, weil Dieter Zetsche mit diesem Statement zum Kronzeugen für die zentrale These unseres Buchs wird.

Dennoch ist diese Position eher die Ausnahme in deutschen Unternehmen. Kaum jemand bestreitet zwar mehr, dass Kommunikation mit der Öffentlichkeit eine zentrale Aufgabe jedes Unternehmens ist – aber dafür, so die gängige Denkweise, gibt es doch die zuständige Fachabteilung! Die Mitarbeiter dort wissen, wie die Kommunikation zu dosieren und die Beanspruchung des Vorstands so gering wie möglich zu halten ist. So kann der sich den »eigentlichen« Aufgaben der Unternehmensführung widmen. Die Aufgabe der Unternehmenskommunikation ist es gemäß diesem »klassischen« Rollenmuster, dem CEO kommunikativ »den Rücken freizuhalten«. Doch liegt dieser gängigen Praxis ein Irrtum zugrunde: die Vorstellung nämlich, unternehmerisches Handeln finde am besten abseits der öffentlichen Wahrnehmung statt, und es liege in der Entscheidung des Unternehmens und seiner Führung, wann und wie der Kommunikationsfaden mit der Öffentlichkeit aufzunehmen sei. Wir meinen dagegen, dass Kommunikation als Teil der unternehmerischen Agenda verstanden werden muss, zum Kerngeschäft eines CEO gehört und daher nicht delegiert werden darf.

Dass eine so verstandene Kommunikationspolitik in deutschen Unternehmen noch nicht hinreichend verankert ist, hängt wiederum mit dem hierzulande verbreiteten Managementverständnis zusammen. Das ist traditionell technisch-instrumentell geprägt und beschränkt sich weitgehend auf den Kernbereich der Unternehmensführung. Betriebswirtschaftliche Denkweisen stehen im Vordergrund, Kommunikation beschränkt sich diesem Modell zufolge auf den Dialog mit der Financial Community. Sie mit Informationen zu versorgen, gehört demnach zur obersten Kommunikations-Pflicht eines CEO und seines Finanzchefs. Anders ist es bei allen übrigen Bezugsgruppen eines Unternehmens. Sie verschmelzen zu einer diffusen Öffentlichkeit, die als weniger erfolgskritisch wahrgenommen wird. Und die Kommunikation mit ihr als etwas, das nicht zur Kernaufgabe des CEO gehört. Sie wird nicht als zentrale Managementaufgabe gesehen, ihre Wirkung unterschätzt. »Da hab' ich Wichtigeres zu tun«, ist in Vorstandsetagen noch immer das Standardargument gegen eine umfassende strategische Kommunikation.

Ganz offensichtlich herrscht vielfach noch die Meinung vor, dass das Handeln in und der Umgang mit der Öffentlichkeit eher zur Sphäre des Politischen gehöre, die mit der Wirtschaftswelt und den dort geltenden unternehmerischen Handlungsmaximen nur sehr bedingt zu tun habe. Diese Haltung ignoriert jedoch die veränderte Rolle des CEO: Wenn dieser für »sein« Unternehmen steht, diesem ein Gesicht gibt und es mit seinem Verhalten prägt, dann agiert er in einer öffentlichen Rolle, steht auf einer öffentlichen Bühne – ob er will oder nicht. Diese Personalisierung reduziert Komplexität. Personen und Marken verschaffen Orientierung in einer unübersichtlicher gewordenen Welt. Damit aber verändert sich die Rolle des CEO: Der anonyme Funktionärstypus vergangener Tage, der Technokrat, der sein Unternehmen mit eiserner Hand lenkt, verschwindet aus den Führungsetagen. Er macht einem neuen Typus von Manager Platz, der vor allem auf seine Überzeugungskraft und seine inhaltliche Kompetenz setzt. Für ihn wird Glaubwürdigkeit zum entscheidenden Erfolgsfaktor. Topmanager dieser Prägung stehen für Ziele, Strategien und Perspektiven. Sie erzeugen Gefolgschaft nicht durch Befehl und Gehorsam, sondern indem sie für ihren Weg werben. Ihre Autorität speist sich nicht aus ihrer Position in der Unternehmenshierarchie, sondern aus ihrer Person. Insofern nähern sich die Berufsrollen von Managern und Politikern einander an: In dem Maße, wie Parteiprogramme immer austauschbarer werden und klassische Bindungen an Milieus, an Glauben, an Ideologien sich auflösen, wird die persönliche Wahrnehmung der Spitzenpolitiker immer wichtiger für den Wahlausgang. Dieser Trend zur Personalisierung, der in der Politik festzustellen ist, greift zunehmend auch auf die Wirtschaft über: So wie Spitzenpolitiker die Mehrheit zunächst der Wähler, später dann die Masse der Abgeordneten in den Parlamenten für ihre Agenda gewinnen müssen, so müssen auch Manager ihre Aktionäre überzeugen, deren Unterstützung sichern sowie andere Bezugsgruppen des Unternehmens wie Aufsichtsräte und Mitarbeiter, unter Umständen sogar eine schwer überschaubare Öffentlichkeit für ihre Ziele mobilisieren.

Diese Phänomene verändern zwangsläufig das Rollenverständnis des CEO. Er muss Kommunikation, wie er sie mit der Financial Community bereits praktiziert, auch im Hinblick auf die anderen Bezugsgruppen zu seinem Kerngeschäft machen. Er muss jetzt vor allem die spezifischen Interessen und Befindlichkeiten der unterschiedlichen Bezugsgruppen in seiner

Kommunikation berücksichtigen. Dies meinen wir mit kommunikativer Folgenabschätzung unternehmerischen Handelns: zu antizipieren, wie unternehmerische Entscheidungen bei unterschiedlichen Bezugsgruppen »ankommen« und wie diese reagieren, und dann die eigene Kommunikation darauf auszurichten. Diesen Kommunikationsprozess zu managen, ist die eigentliche Herausforderung. Anders gesagt: Der CEO darf nicht mehr nur auf Öffentlichkeit reagieren, sondern er muss seine Wahrnehmung und die seines Unternehmens in der Öffentlichkeit managen.

Es geht um eine Umkehrung der Perspektive. Der klassische Vorstand handelt in einer Inside-out-Perspektive: Er entscheidet, und mit seinem Entscheidungs-Output muss die Umwelt zurechtkommen, ob sie will oder nicht, ob sie versteht oder nicht. Outside-in-Perspektive bedeutet hingegen, die Umwelt mit einzubeziehen, sich in die einzelnen Bezugsgruppen zu versetzen: Wer sind eigentlich meine Bezugsgruppen? Was wollen sie? Was denken sie? Wie denken sie? Wie sehen sie die Welt? Wer trägt Verantwortung für sie? Wie lese ich die komplexer werdende Umwelt richtig – das ist die entscheidende Frage, die sich dem Topmanagement stellt. CEO-Kommunikation ist damit keine nachgeordnete Strategie, sondern als Prozess in die Entscheidungsfindung eingeflochten.

Das erfordert sicher Zeit, vielleicht auch Geld, verspricht aber erheblichen Nutzen: Die Durchsetzung unternehmerischer Ziele kann einfacher und effizienter werden, Gestaltungsspielräume erweitern sich. Eine gezielte Kommunikation reduziert Komplexität, indem sie ein diffus und »feindlich« erscheinendes Umfeld transparent macht und so vor unliebsamen Überraschungen schützt – sicher nicht zu hundert Prozent, aber wer mögliche Reaktionen auf seine Entscheidungen bereits in die Entscheidungsfindung einbeziehen kann, der ist besser auf Überraschungen vorbereitet.

Doch ist eine solche strategische Kommunikationsagenda leichter beschrieben als umgesetzt. Paradoxerweise steht ihr in der Praxis genau jener Faktor entgegen, der sie theoretisch erforderlich macht: die starke, ja prägende Rolle des CEO. Weil er für das Unternehmen steht, muss er die Wahrnehmung seiner Person organisieren – aber gerade deswegen, weil seine Rolle so dominant ist, fällt dies schwer. Manager sehen sich häufig in der Rolle des einsamen Machers und Entscheiders, der seine Taten für sich sprechen lässt. Motto: Erklärungen habe ich nicht nötig. Manche Manager zeigen förmlich einen Widerwillen sich zu erklären. Und einsam sind CEOs tatsächlich, wenn auch in einem anderen Sinne, als es der Mythos vom »einsamen Entscheider« will: CEOs leben weitgehend immer noch in einer geschützten Welt, die durch die eigene Organisation gegen die Außenwelt abgeschottet wird. Beinahe alle Informationen, die den CEO erreichen, wurden in den Tiefen der Organisation zusammengestellt und aufbereitet und sind durch den »Blick«, durch das Mindset der Organisation geprägt. So entsteht schnell eine selbstreferentielle Wahrnehmung, die eine gewisse Tendenz zum Autismus aufweist. Dies muss noch gar nicht bedeuten, dass Informationen geschönt werden, es reicht bereits eine Filterung entsprechend den organisationseigenen Wahrnehmungsmustern, um eine eigene Weltsicht zu etablieren, die einen unverstellten Blick auf das Unternehmen und seine Umwelt unmöglich macht.

Dass mangelnde, verkürzte und verzögerte Wahrnehmung der Realität in kommunikative Schwierigkeiten führen kann, zeigen die schon angesprochenen Beispiele Allianz und Siemens. Eine differenzierte Analyse darf aber nicht außer Acht lassen, dass sich auch die Medienwelt verändert hat, die für einen bedeutenden Teil der Kommunikation über – wenn auch nicht des – Unternehmens verantwortlich ist.

Diese Veränderung ist aus verschiedenen Quellen gespeist. Viele Wirtschaftsjournalisten haben in Folge der großen und kleinen Skandale der New Economy ihr eigenes – im Nachhinein als zu unkritisch empfundenes – Rollenbild verändert. Die wirtschaftliche Situation der meisten Verlage ist nach den Boomjahren um die Jahrtausendwende durch einen Rückgang der Anzeigenvolumina und damit der Umsätze gekennzeichnet gewesen. Der notwendige Personalabbau hat den Arbeitsalltag der Journalisten deutlich verändert, gleichzeitig hat die Konkurrenz der Redakteure untereinander um die verbleibenden Arbeitsplätze zugenommen. Schließlich haben sich die Welten der Politik- und Wirtschaftsredakteure aneinander angeglichen. Nachrichten werden als verderbliches Gut gehandelt, das man möglichst exklusiv seinen Lesern anbieten möchte. Alle diese Tendenzen münden in der gestiegenen Bereitschaft der Medien, tatsächliche oder vermeintliche Skandale zum Thema zu machen.

Was bedeutet das für den CEO? Weil nur er »das Ganze« im Blick hat und die Beziehungen des Unternehmens zu seiner Umwelt verantwortet, muss auch er die richtige Wahrnehmung seiner Person und seines Unternehmens organisieren.

Dieses Buch zeigt, wie CEOs ihre unternehmerischen Spielräume mit einer strategisch ausgerichteten Kommunikation erweitern und die Wahrnehmung gestalten können. Dazu ist es notwendig, alte, gelernte Denkmuster aufzubrechen und neue Handlungsansätze zu akzeptieren: Welche Kommunikationsstrategie brauche ich, um meine unternehmerische Agenda durchzusetzen? Wie gestalte ich als Topmanager den Kommunikationsprozess mit den verschiedenen Bezugsgruppen? Welches sind die Voraussetzungen für eine glaubwürdige Kommunikation? Was ist zu tun, um meine unternehmens- und kommunikationsstrategischen Ziele zu erreichen? Welche Netzwerke gilt es aufzubauen, welche Strukturen zu schaffen? Wie können mich Unternehmenskommunikation und Pressesprecher bei der Umsetzung meiner Kommunikationsziele unterstützen? Antworten auf diese Fragen wollen wir in den folgenden zehn Kapiteln und einem Postskriptum geben. Im Folgenden sind die zentralen Thesen der einzelnen Kapitel zusammengefasst:

Kapitel 1 – Von der Rolle: Vorstände müssen erkennen, auf welchen Bühnen sie stehen und welche Erwartungen an sie gerichtet werden. Eine aktive Kommunikation, wie sie in der Ansprache des Kapitalmarkts längst praktiziert wird, muss gegenüber allen Bezugsgruppen des Unternehmens umgesetzt werden.

Kapitel 2 – Ohne Agenda kein Plan: Kommunikation ist Chefsache. Um seine neue Rolle ausfüllen zu können, muss der CEO aus seiner unternehmerischen eine kommunikative Agenda ableiten. Eindeutige Botschaften und eine erzählbare Geschichte sind ebenso nötig wie eine klare Analyse der kommunikativen Ausgangslage. Nur so kann der CEO seine kommunikativen Ziele, seine Rolle und die Bühnen definieren, auf denen er agieren will und muss.

Kapitel 3 – Ohne Plan keine Zeit: Eine bewusst organisierte Wahrnehmung ist das Ergebnis von Planung. Nimmt der CEO diesen Prozess ernst, gewinnt er an Steuerungshoheit. Und an Zeit.

Kapitel 4 – Nach der Wahl ist vor der Wahl: Der CEO ist nicht nur »Außen-«, sondern ganz wesentlich auch »Innenpolitiker«. In einem ständigen »Wahlkampf« muss er die Identifikation von Führungskräften und Belegschaft mit ihm und seinem Auftrag schaffen und so Gefolgschaft sichern.

Kapitel 5 – Vorsicht, ZK-isierung!: »One company, one voice« – was bei der Krisen- und Kapitalmarktkommunikation erstes Gebot ist, wird im Alltagsgeschäft schnell zur Falle. One Voice fördert ZK-isierung: Bürokratie und Überregulierung hemmen die Unternehmenskommunikation. Nur eine geordnete Vielstimmigkeit ermöglicht es, in einem komplexen und sich rasch wandelnden Umfeld angemessen zu agieren.

Kapitel 6 – Die schwere Arbeit des Schweigens: Der Glaube, der CEO müsse omnipräsent sein, führt in die Irre. Statt dem Präsenzdruck nachzugeben, sollte er Anlässe, Themen und Bühnen sorgfältig auswählen und gegebenenfalls besser schweigen. Abtauchen darf der CEO nicht – aber organisierte Zurückhaltung stärkt seine Wahrnehmung und Wirkung.

Kapitel 7 – Rollenmodell Generalsekretär: Die Personalunion von Leiter Unternehmenskommunikation und Pressesprecher erschwert vielfach die strategische Kommunikationsarbeit. Nur wenn der Leiter Unternehmenskommunikation über Freiräume abseits des schnell getakteten Tagesgeschäfts verfügt, kann er dem CEO als ruhigern:Coach und Spindoktor zur Seite stehen.

Kapitel 8 – Vorstände haften für ihre Versprecher: CEOs werden an ihren Versprechen gemessen und aufgrund ihrer Versprecher abgeurteilt. Schnell schnappt die Skandalisierungsfalle zu – diesen Mechanismus der Mediengesellschaft müssen sich CEOs vor Augen halten. Kommunikation in den politischen Raum wird zu einer zentralen Notwendigkeit für Unternehmen.

Kapitel 9 – Mythen managen: Vorübergehend bekannt sind viele Manager, dauerhaft berühmt nur wenige. Zum Mythos wird, wer die Identität seines Unternehmens prägt und sich als glaubwürdige Identifikationsfigur etabliert. So kann ein CEO sein Lebenswerk sichern und seine Erfolgsgeschichte in den Dienst des Unternehmens stellen.

Kapitel 10 – Die letzten 100 Tage: Der CEO muss auch bei seinem Abgang Regisseur seiner eigenen Sache sein. Eine Demission in Würde muss geplant und wirkungsvoll in Szene gesetzt werden – ohne den Handlungsspielraum des Nachfolgers zu beschneiden. Das setzt Zurückhaltung voraus und wirkliches Loslassen-Können.

Postskriptum – Total normal: Topmanager bewegen sich – kaum vermeidlich – in einer artifiziellen Businesswelt, abgeschottet vom normalen Alltagsleben jenseits ihres Jobs. Die Gefahr: Realitätsverlust. Um seine Reflexionsfähigkeit zu erhalten und mit allen Bezugsgruppen kommunikationsfähig zu bleiben, sollte der CEO sein Verhältnis zur Realität organisieren und seine disparaten Lebenswelten in Einklang bringen.

Anmerkungen

1   zit. n. Eigendorf, J.: »Die stille Revolution«, in: *Die Welt*, 30.07.2005
2   Hardt, C./Nesshöver, C.: »Kleinfelds Kommunikations-GAU«, in: *Handelsblatt*, 04.10.2006
3   Eine Übersicht über die verschiedenen Gesetze und Maßnahmen befindet sich im *Handelsblatt*, 04.03.2005
4   zit. n. Hank, R./Meck, G.: »Ein Auto ist mehr als Glas, Gummi und Blech« in: *Frankfurter Allgemeine Sonntagszeitung*, 04.06.2006

Kapitel 1

Von der Rolle

Vorstände müssen erkennen, auf welchen Bühnen sie stehen
und welche Erwartungen an sie gerichtet werden. Eine
aktive Kommunikation, wie sie in der Ansprache des Kapitalmarkts längst praktiziert wird, muss gegenüber allen
Bezugsgruppen des Unternehmens umgesetzt werden.

Er war der gefeierte Star am Börsenhimmel, von der Presse bejubelt als
»Überflieger«, als »Bilderbuchmanager«, als »Wunderkind und Marketing-
genie«. Sein Aufstieg war rasant, der Absturz jäh.

Als Ron Sommer im Mai 1995 den Vorstandsvorsitz der Deutschen Telekom übernahm, galt er als erste Wahl für den schwierigen Posten. Zwar hatte
das Ex-Monopolunternehmen Telekom die ersten Schritte auf dem liberali-
sierten Markt absolviert, aber das große Projekt der Privatisierung stand
noch bevor. Und der damalige Konzernchef Helmut Ricke war im Unternehmen zwar beliebt, galt aber als nicht charismatisch genug, um den für 1996
geplanten Börsengang zu einem Erfolg zu machen. Anders der smarte Sommer. Ihm traute man zu, aus der trägen Telefonbehörde mit bleierner Post-
Vergangenheit einen international wettbewerbsfähigen Konzern zu bauen
und erfolgreich an die Börse zu bringen. Sommer hatte eine steile Karriere
hingelegt: Promotion mit 21, Aufstieg bei Siemens-Nixdorf, wo er zunächst
die Niederlassung in Paris, später das Überseegeschäft leitete. 1980 war er
zum japanischen Elektronikkonzern Sony gewechselt, wo er bis zum
Europa-Chef aufstieg. Im Jahr 1995 erhielt er das Angebot, die Privatisierung des deutschen Telekommunikationsriesen voranzubringen. Kein leichter Job, aber »Sonnyboy« Sommer nahm die Herausforderung gerne an.

Am 18. November 1996 brachte Sommer die Telekom an die Börse. Millionen von Privatanlegern kauften die T-Aktie, die einen fulminanten Start
hinlegte und in den folgenden Jahren mit einer stetigen Wertsteigerung
aufwarten konnte. Auch der zweite Börsengang im Juni 1999 wurde zu
einem Erfolg. Im Frühjahr 2000, auf dem Höhepunkt des Internet-Hypes,

übersprang die T-Aktie dann erstmals die 100-Euro-Marke; die Internet-Tochter T-Online startete mit zweistelligen Kurszuwächsen an der Börse.[1] Ron Sommers Karriere war auf ihrem Höhepunkt. Er war »der gefeierte Star seiner Aktionäre«, wie die *Frankfurter Allgemeine Zeitung* schrieb.[2] Er war der Mann, der die Aktienkultur in Deutschland veränderte – rund drei Millionen Kleinanleger hatten die T-Aktie gezeichnet, und für die meisten von ihnen war es die erste Aktie ihres Lebens. Sommer hatte aus einer Behörde einen Global Player gemacht und den Wert der T-Aktie vervielfacht – von 14 auf 104 Euro. »Die Geschichte der Deutschen Telekom AG ist untrennbar mit dem Namen Ron Sommer verbunden. Kaum ein anderer Vorstandschef in Deutschland oder in Europa ist von den Medien und auch den Anlegern als Person so eng mit dem Wohl und Wehe des Unternehmens verbunden wie er«, so nochmals die *Frankfurter Allgemeine Zeitung*. Sommer war zum Popstar der New Economy geworden. Sein Image war nicht vom High-Tech-Boom zu trennen. Sommer war ein Star, kein »normaler« CEO mehr – und das wurde sein Schicksal.

Als im Sommer 2000 der Kurs der T-Aktie absackte, drehte sich die Stimmung. Nach dem dritten Börsengang fiel der Kurs unter den Ausgabepreis für die neuen Anteilsscheine von 66,50 Euro. Im September 2001 stürzte er unter den Ausgabekurs des ersten Börsengangs. Unzählige Menschen verloren viel Geld. Und Ron Sommer wurde dafür verantwortlich gemacht. »Herr Sommer, was haben Sie mit meinem Geld gemacht«, fragten verbitterte Kleinaktionäre via *Bild-Zeitung*. Man warf ihm Missmanagement vor, die Rücktrittsforderungen rissen nicht ab. Doch der erfolgsverwöhnte CEO konnte mit der Kritik nicht umgehen. Im Regen machte der »Sonnyboy« eine schlechte Figur. »Noch immer prallen die Vorwürfe scheinbar folgenlos an der Aura der Unfehlbarkeit ab, mit der sich der Telekom-Manager umgibt«, schrieb *Der Tagesspiegel* Anfang des Jahres 2001. »Auf Kritik an der Telekom reagiert er persönlich gekränkt. [...] Er wirkt fast eingeschnappt wie ein Kind.«[3]

Der einstige Star-CEO verlor seine Bühnen, auf denen er brilliert hatte. Die Hauptversammlung im Jahr 2002 geriet zur »Hau den Sommer«-Show, wie das *Handelsblatt* süffisant notierte.[4] Sommers Erfolgsbilanz hatte sich in eine Liste von Minuspunkten verkehrt: Der Börsengang von T-Mobile verschoben, die T-Aktie unter 10 Euro, Milliardenschulden und Rekordverluste, Probleme auf den internationalen Märkten – nach Jahren ungezügelter

Expansion war aus dem Vorzeigeunternehmen beinahe ein Sanierungsfall geworden. Börsenstar Sommer wurde nun als »Sonnenkönig« karikiert. Der Glanz war verblasst, der Druck wuchs. Der einstige Star stand plötzlich als alleiniger Buhmann da.

Hinzu kam, so *Die Welt*, »mangelndes Fingerspitzengefühl«[5]: Als das Unternehmen schon tief in der Krise steckte und offensichtlich wurde, dass unzählige Kleinanleger Milliarden von Euro verloren hatten, weil sie Ron Sommers Visionen für bare Münze genommen hatten, boxte der eine fünfzigprozentige Gehaltserhöhung für sich und seine Vorstandskollegen durch – mit der Begründung, dass dies nach internationalen Maßstäben angemessen sei. Wieder einmal trat hier eine fatale Fehleinschätzung der Öffentlichkeit zutage. Erneut wurde nicht gesehen, dass ein Thema der Financial Community – hier die unterschiedliche Honorierung von Managern im angelsächsischen Raum und in Deutschland – ganz anders wahrgenommen wird, wenn es zum Gegenstand öffentlicher Diskurse wird.

Einem Wechsel der Bühne ist schließlich auch Ron Sommers Niedergang geschuldet. 2002 war Bundestagswahlkampf, und es war abzusehen, dass die Wut von Millionen enttäuschter Kleinaktionäre zu einem politischen Thema werden würde. Edmund Stoiber war es, der Kanzlerkandidat der Union, der das Thema auf die große politische Bühne hob. Im ersten Fernsehduell mit Bundeskanzler Gerhard Schröder machte Stoiber die Bundesregierung dafür verantwortlich, dass bei der Telekom die Vorstandsgehälter um 90 Prozent – so Stoiber wörtlich – gestiegen seien, während die T-Aktie 90 Prozent ihres Wertes verlor. Daraufhin distanzierte sich Schröder erstmals von dem Telekom-Chef. »Seitdem hören die Spekulationen um eine baldige Ablösung von Sommer nicht auf«, schrieb der *Stern* am 12. Juli.[6] Wenige Tage später war die Ära Sommer vorbei. Am 16. Juli 2002 trat Ron Sommer zurück – öffentlich demontiert und seines Rückhalts im Aufsichtsrat beraubt, blieb ihm nichts anderes übrig, als seinen Hut zu nehmen. Den Ausschlag hatten letztlich wohl politische Gründe gegeben: Der Bund schien nicht mehr bereit, Sommer zu stützen. Zwar wurde eine politische Einflussnahme dementiert, doch lag es auf der Hand, dass Sommers Abgang ein Bauernopfer war. Zu klar traten die politischen Verstrickungen zutage: Schröder wollte Stoibers Angriff den Wind aus den Segeln nehmen – und sah die Chance, bei Millionen enttäuschter Kleinanleger zu punkten. Wählerstimmen gehen vor …

»Von der Rolle« war CEO Ron Sommer damit im doppelten Sinne: als Popstar und als Politopfer. Sommer war *der* Star unter den CEOs schlechthin. Er stand für eine neue Aktienkultur und für technische Visionen. Sommer war die populäre Verkörperung der New Economy – und scheiterte daran, weil er als Manager handlungsunfähig wurde. Er konnte Erfolge verkaufen, Misserfolge brachen ihm das Genick. Daran freilich ist Sommer nicht ganz unschuldig. Als Popstar, der er war, genügte es ihm nicht, die Telekom an die Börse zu bringen. Er inszenierte den Börsengang vielmehr als Aktienshow – und vermengte dabei bereits Wirtschaft, Showbusiness und Politik. »Die T-Aktie wird so sicher wie eine vererbbare Zusatzrente sein«, hatte Sommer Anfang 1996 verkündet und sich damit auf unsicheres politisches Terrain begeben.[7] Und als CEO, der das Geld kleiner Leute verbrannt hatte, war er schließlich politisch nicht mehr haltbar.

Was hat Ron Sommer falsch gemacht? Wahrscheinlich sollte man nicht zu hart über ihn urteilen. Er war ein Managertypus der »Wilden Neunziger«, charismatisch und selbstbewusst. Einer, der die Öffentlichkeit genoss, obwohl er, wie eine Zeitung schrieb, nie bei Biolek kochte oder bei Christiansen talkte[8] – aber die große Inszenierung liebte er. Auf die leisen Töne hingegen verstand er sich nicht. Er war ein klassischer Held – und wurde zur tragischen Figur. Als Manager hatte er nur das Pech, CEO zu sein, als die Blase platzte. Was nicht heißt, dass der Vorwurf des Missmanagements berechtigt wäre. Denn Sommer hatte, wie die *Welt am Sonntag* schreibt, »nur das getan, was die Analysten forderten«[9]. Sein Modell börsennotierter Spartentöchter folgte dem Zeitgeist und dem internationalen Trend. Fachlich wurde kaum ein Zweifel an Ron Sommers Managementfähigkeiten laut.

Die Lehre, die man aus Ron Sommers Aufstieg und Fall ziehen kann, lautet: Der CEO sollte in erster Linie CEO sein. Kein Popstar und auch kein Botschafter für eine neue Aktienkultur – das ist ein Missverständnis. Als CEO muss er aber Kommunikator sein, so unsere These. Seine kommunikative Agenda muss sich aus seiner unternehmerischen Agenda ableiten. Ron Sommer war so gefangen in seiner Rolle als Popstar der New Economy, seine Rolle war in so hohem Maße politisch und symbolisch aufgeladen, dass er den notwendigen Paradigmenwechsel nach dem Börsencrash nicht mehr glaubwürdig vollziehen konnte. So klar er sich positioniert hatte, so beschädigt war er nach dem Crash. Vorstände, so lässt sich folgern, müssen auch ein Gespür für die »Großwetterlage«, also für die großen wirtschaftlichen und politischen Themenkonjunkturen entwickeln und ihre Rolle danach ausrichten.

Das ist der erste Punkt. Der zweite: Sie müssen wissen, wer ihre Bezugsgruppen sind, und diese im Blick behalten. Erfolgreich als CEO ist heute nur, wer in der Kommunikation mit allen Zielgruppen die Fäden in der Hand behält. Auch diese Forderung ist Resultat einer »großen« Themenkonjunktur in der Wirtschaft: des Wandels von einem reinen Shareholder-Value-Denken hin zu einem Konzept, das alle Stakeholder eines Unternehmens einzubeziehen sucht. Ganz offensichtlich gewinnen die Stakeholder an ökonomischer Bedeutung. Dies soll im Folgenden nachgezeichnet werden.

Vom Shareholder- zum Stakeholder-Unternehmen

In den achtziger Jahren erschien eines der einflussreichsten Werke der jüngeren Wirtschaftsgeschichte. Sein Titel lautete: *Creating Shareholder Value*. Sein Autor Alfred Rappaport trat darin für einen Perspektivwechsel ein – er forderte, die Unternehmensleitung solle ausschließlich im Sinne der Anteilseigner handeln. Das Ziel: die Steigerung des Unternehmenswerts. »In einer Marktwirtschaft, die die Rechte des Privateigentums hochhält«, postulierte Rappaport, »besteht die einzige soziale Verantwortung des Wirtschaftens darin, Shareholder Value zu schaffen.«[10] Das Buch wurde ein Bestseller und veränderte die Wirtschaftswelt grundlegend. Denn Shareholder-Value war nicht nur eine Methode, mit der sich wertbasiertes Management messen lässt, sondern bedeutete einen Paradigmenwechsel. »Die neue Methode des Managements führte zu einem grundlegenden Wandel unternehmerischer Politik«, schreibt Ralf Grötker in *brand eins*. »Firmen statt Waren rückten in den Mittelpunkt des Interesses.«[11] Ein Markt für Unternehmenskontrolle entstand. Der Shareholder-Value drückte der Wirtschaftswelt für Jahrzehnte seinen Stempel auf. So genannte »Raider«, Unternehmensjäger, die insbesondere in den neunziger Jahren angeschlagene Unternehmen aufspürten, sie übernahmen, auf Vordermann brachten und gewinnbringend weiterverkauften, sind eine direkte Auswirkung des neuen Paradigmas.

Gleiches gilt für die als »Heuschrecken« angegriffenen Hedge-Fonds und Finanzinvestoren, die deshalb Aufsehen erregten, weil sie in einigen spektakulären Fällen die Unternehmenspolitik im Sinne einer Steigerung des Shareholder-Value zu beeinflussen suchten. Man muss aber gar nicht auf solche spektakulären Fälle schauen, um den Einfluss dieses Konzepts zu belegen: Auch der Dialog zwischen Unternehmensführung und der Financial Community ist von diesem Konzept geprägt.

Wegen seiner Auswirkungen auf die Unternehmenspolitik ist der Shareholder-Value in den letzten Jahren allerdings in Verruf geraten, denn nicht selten bildete die kurzfristige Steigerung des Aktienwertes das Motiv für Stellenstreichungen und Einsparprogramme – und wurde in der Öffentlichkeit entsprechend kontrovers diskutiert. Allerdings ist hierbei zwischen dem Shareholder-Value als Handlungsmaxime auf der einen und als Finanzgröße und Bewertungsverfahren auf der anderen Seite zu unterscheiden. In der zweiten Bedeutung ist das Konzept weit weniger umstritten. Zur Abgrenzung von dem handlungsleitenden Begriff spricht man heute von »wertbasiertem Management«, dem »Value Based View«. Oder in den Worten von Reinhard Mohn, dem Vorsitzenden der Bertelsmann-Stiftung: »Shareholder Value ist ein Maßstab, aber kein Ziel.«[12]

Dies macht bereits erste Differenzierungen deutlich, die nicht zuletzt darauf zurückgehen, dass sich ein reiner Shareholder-Value-Ansatz als zu eng herausgestellt hat. Denn offensichtlich hängt der Wert eines Unternehmens nicht allein von der Profitabilität des Kapitaleinsatzes ab. So wenden die meisten Unternehmen mehr Mittel für Personal und Lieferanten auf als für ihre Kapitalgeber.[13] Sieht man genauer hin, sind Unternehmen in ein Netzwerk von Beziehungen zu unterschiedlichen Gruppen oder Organisationen eingebunden: Dazu gehören die Kapitaleigentümer und Fremdkapitalgeber, aber auch die Mitarbeiter, das Management, die Lieferanten, die Kunden, die Mitbewerber sowie auch Gruppen in Staat und Gesellschaft – bis hin zu, wie in der Einleitung schon angedeutet, gesamtgesellschaftlichen Interessen. Diese Einsicht hat schließlich zu einem Konzept geführt, das diese Beziehungen zu den unterschiedlichen Interessen- und Anspruchsgruppen oder Stakeholdern systematisch erfassen will.

Dieses Stakeholder-Konzept wurde seit den Sechziger-Jahren am Stanford Research Institute entwickelt. Es will die Aufmerksamkeit der Unternehmensführung nicht nur auf die Anteilseigner oder Aktionäre lenken, sondern auf alle Gruppen, die eine wie auch immer geartete Beziehung zum Unternehmen haben. »Relevante Stakeholders sind in dieser Perspektive alle Individuen, Gemeinschaften und Institutionen, die das unternehmerische Geschehen positiv oder negativ beeinflussen können«, erläutert Sybille Sachs, Titularprofessorin an der Universität Zürich und Spezialistin für den Stakeholder-View. Dieser erweitere die Perspektive und betrachte das Unternehmen in seinem sozioökonomischen Beziehungsgeflecht. Und er trage dem Umstand Rechnung, dass in einer sich deindustrialisierenden Wirtschaft nichtmaterielle Produktionsfaktoren immer wichtiger werden: Wissen, Sozialbeziehungen, weiche Faktoren. Diese Entwicklung habe dazu geführt, so Sybille Sachs, »dass neben dem Kapital andere Ressourcenkategorien wie Wissen zu kritischen Erfolgsfaktoren geworden sind und damit auch andere Stakeholder – nebst den Kapitalgebern – strategisch an Bedeutung gewonnen haben.«[14] Das sieht auch Frank Figge, Habilitand am Lehrstuhl fü Umweltmanagement an dere Universität Lüneburg, so: »Die ökonomische Bedeutung von Stakeholderbeziehungen nimmt zu«[15], betont er.

Nach Jahren eines einseitigen Shareholder-Value-Denkens treten Differenzierungen klarer zutage; die Zeiten sind vorbei, da die beiden Konzepte als ideologische Gegensätze gesehen wurden. Auf der methodischen Ebene schließen sich der Value-Based-View und der Stakeholder-View keineswegs aus. Gleichwohl besteht bei der Stakeholder-Analyse noch Nachholbedarf. Ziel ist es, »die Stakeholderbeziehungen systematischer in das strategische Management zu integrieren«[16], wie Sybille Sachs fordert.

Für das Thema Kommunikation liegen die Dinge freilich ein wenig anders, weil Kommunikation sich per se in einem sozioökonomischen Kontext abspielt, ganz unabhängig davon, ob man diesem ökonomisch Wert beimisst oder nicht. Pointiert gesagt: In seinem unternehmerischen Selbstverständnis mag jemand der glühendste Verfechter eines glasklaren Shareholder-Value-Denkens sein, kommunikativ wird er um die Stakeholder nicht herumkommen. Was passieren kann, wenn man die Stakeholder-Perspektiven ausblendet, werden wir am Beginn des zweiten Kapitels an einigen Beispielen illustrieren. Zunächst wollen wir jedoch näher ausführen, was das Stakeholder-Konzept für die CEO-Kommunikation bedeutet und welche Interessen bei den einzelnen Bezugsgruppen kommunikativ zu berücksichtigen sind.

Das Unternehmen und seine Stakeholder

Wer bei der Vielfalt der zielgruppenspezifischen Erwartungen nach gewohnter Manier nur auf die Information der Shareholder setzt, der hat die Zeichen der Zeit nicht erkannt. So wichtig Shareholder-Value als Maßstab auch ist, der Erfolg des Unternehmens wird immer von der Motivation und Innovationskraft der Mitarbeiter, von der Unterstützung durch Partner und Vertriebsorganisationen und von seiner Fähigkeit abhängen, Kundeninteressen zu antizipieren und zu befriedigen. Erfolgreiche CEOs sehen die Abhängigkeit ihres unternehmerischen Handelns von den verschiedenen Stakeholder-Interessen. In einem vernetzten Geschäftsleben mit unterschiedlichen, selbstbewusst auftretenden Anspruchsgruppen gilt es sich bewusst zu machen, welche Reaktionen welche Äußerungen bei welchen Stakeholdern auslösen können. Es reicht nicht mehr, den klassischen Managementprozess zu beherrschen. Ein Unternehmenslenker muss auch die Spielregeln der Kommunikation kennen, um die teils gegensätzlichen Erwartungen seiner Bezugsgruppen zu befriedigen. Und er muss die gesellschaftliche Daseinsberechtigung seines Unternehmens, neudeutsch die »licence to operate«, benennen können. Oder anders gesagt, worin der Nutzen besteht, den sein Unternehmen für die Gesellschaft und die Volkswirtschaft stiftet. Shareholder-Value reicht nicht, wenn Stakeholder-Value nicht hinzukommt.

Dabei haben sich die Kommunikationsanforderungen von Politik, Öffentlichkeit, Investoren, Aktionären, Mitarbeitern und Kunden in zunehmend globalisierten Märkten in den vergangenen Jahren stark verändert. Die Komplexität des Umfelds ist rasant gestiegen. So ist nicht nur das öffentliche Interesse an Unternehmen gewachsen und der Blick auf die Konzerne und die Person des Unternehmenslenkers kritischer geworden. Auch unternehmensintern steigt die Bedeutung der CEO-Kommunikation – aufgrund einer stärkeren Vernetzung der verschiedenen Ebenen im Unternehmen, des Abbaus von Hierarchien und durch ein gewandeltes Verständnis von Führung. Kapitalmarkt, Mitarbeiter, Politik, Öffentlichkeit und Meinungsbildner beobachten genau, wie glaubwürdig und überzeugend ein CEO agiert, und ziehen daraus Rückschlüsse auf die Leistungsstärke, Zukunftsfähigkeit und Sympathiewerte des Unternehmens. Deshalb ist es notwendig, die vielfältigen Erwartungen zu managen und sich ihnen kommunikativ zu stellen. Dabei gilt: CEO-Kommunikation muss zielgruppenspezifisch sein; es genügt nicht, eine – in der Regel für den Kapitalmarkt bestimmte – Botschaft an alle Stakeholder zu richten. Der CEO muss wissen, welche Erwartungshaltungen sich an seine Kommunikation richten, und er muss versuchen, diesen Ansprüchen gerecht zu werden, sowohl inhaltlich als auch vom Auftritt her.

Die Kommunikation mit der **Financial Community** gehört nach allgemein akzeptierter Auffassung zum Kerngeschäft eines CEO. Es gehört zur »Bringschuld« jedes Unternehmens, Kapitalgebern und Finanzanalysten Einblick in Strategien, Perspektiven sowie Umsatzzahlen und Gewinnerwartungen zu geben. Hierbei spielt Glaubwürdigkeit eine entscheidende Rolle. Der Kapitalmarkt liebt keine Überraschungen. Es gilt das Prinzip »ankündigen und liefern«, und das Unternehmen wird daran gemessen, ob es seine Ankündigungen einhält. Selbst Abweichungen nach oben beäugen Analysten oftmals recht argwöhnisch, denn auch sie zeigen, dass das Management in seiner Markteinschätzung falsch lag. Dialogbereitschaft, Offenheit und Transparenz sind entscheidende Eigenschaften eines Vorstands im Dialog mit der Financial Community. Er muss die Plausibilität des Geschäftsmodells und der Strategie des Unternehmens glaubwürdig vermitteln können. Entscheidend dabei ist die Bewertung seiner Person: Ist er glaubwürdig, und traut man ihm zu, seine unternehmerische Agenda umzusetzen?

Die **Eigentümer** erwarten neben der langfristigen Wertsteigerung des Unternehmens vor allem auch kurzfristig positive Ergebnisse: die Belohnung ihres Finanzengagements durch steigende Aktienkurse und möglichst hohe Gewinnausschüttungen. Dabei unterscheiden sich die Erwartungen nach der rechtlichen Form des Unternehmens und der Art der Kapitalbeteiligung. So liegt bei Familienunternehmen, die hierzulande mehr als 90 Prozent der Unternehmen stellen und annähernd zwei Drittel des Bruttosozialprodukts erwirtschaften, der Fokus mehr auf dem langfristigen Bestand des Unternehmens. Bei Aktiengesellschaften hingegen spielt der Shareholder-Value eine bedeutendere Rolle, insbesondere dann, wenn Private-Equity-Firmen maßgeblichen Einfluss auf das Unternehmen haben.

Lieferanten, Partner, Vertriebsorganisationen wollen mit ihren Informationsbedürfnissen ernst genommen werden, um ihre strategische Ausrichtung festigen und ein zukunftsträchtiges Geschäft aufbauen zu können.

Auch hier haben sich die Verhältnisse gewandelt. Längst hängen Zulieferer nicht mehr am Auftragstropf der Herstellerbetriebe. Outsourcing-Prozesse haben Know-how an die Zulieferer verlagert und deren Machtposition im Preispoker mit ihren Auftraggebern gestärkt. Exemplarisch zeigt sich das an der Automobilindustrie, die noch immer eine Vorreiterrolle bei der Weiterentwicklung von Fertigungsprozessen innehat. Waren zu Zeiten des VW-Chefeinkäufers José Ignacio López noch härteste Preisdiktate an der Tagesordnung, haben es heute einige Zulieferer geschafft, den Spieß umzudrehen. Sie avancierten zu Systemlieferanten, die komplette Bauteile herstellen, nicht selten komplett in die Fertigungsprozesse integriert sind – und manchmal sogar Autos komplett im Auftrag und unter der Marke des Herstellers fertigen. Aus Macht- wurden Kooperationsbeziehungen.[17]

Führungskräfte und Mitarbeiter haben unterschiedliche Erwartungshaltungen und Bedürfnisse und stellen damit auch unterschiedliche Anforderungen an CEO-Kommunikation. Führungskräfte erwarten und brauchen Aussagen über die Wertschöpfungsaussichten des Unternehmens – und sie beurteilen sie exakt so, wie Analysten das tun. Sie benutzen zum Teil zwar andere Worte, prüfen aber sehr genau, wie das Unternehmen aufgestellt ist: Ist das Geschäftsmodell richtig? Was bietet mir das Unternehmen in Zukunft? Erhöht es meine Chancen? Sind Vorstand und Equity-Story glaubwürdig? Ist das Management insgesamt glaubwürdig und in der Lage, seinen Kurs umzusetzen? Kann ich mich mit der Agenda des CEO identifizieren? Wie sehen meine Karrieremöglichkeiten aus? So wie Analysten erwarten, dass der Vorstand in Roadshows um die Welt jettet, um ihnen das Geschäftsmodell, die Wertschöpfungsideen und Strategien zu erläutern, so erwarten Führungskräfte, dass er ihnen in gleicher Weise Rede und Antwort steht.

Im Gegensatz zu den Mitarbeitern sind Kriterien wie Sicherheit und Verlässlichkeit für Führungskräfte von untergeordneter Bedeutung. Ihre Entscheidung für einen Job gründet auf einer Investitionsentscheidung: Lohnt sich das Investment von Zeit, Kraft und Intelligenz? Das entscheidet über die Frage: »Bleibe ich oder gehe ich?« Fallen die Antworten unzureichend aus, kommen Erwartungen und Perspektiven nicht zur Deckung, macht sich Verunsicherung breit, die sich letztlich in einer Abwanderung niederschlägt: Topleute suchen das Weite – und sich einen neuen Job. Das im Vergleich zu Mitarbeitern geringer ausgeprägte Sicherheitsbedürfnis gilt auch in umgekehrter Richtung: Führungskräfte haben geringere Erwartungen im Hinblick auf die Sicherheit ihrer Arbeitsplätze und die Dauerhaftigkeit ihrer Beschäftigungsverhältnisse als Mitarbeiter niedrigerer Hierarchiestufen. Sie akzeptieren es eher, wenn – zum Beispiel im Zuge einer Fusion – Stellen eingespart werden müssen, vorausgesetzt, Kriterien und Personalauswahl werden glaubwürdig dargestellt. Für Führungskräfte spielen Fragen von Gerechtigkeit und Glaubwürdigkeit eine weit größere Rolle als Sicherheitserwägungen: Habe ich die gleichen Chancen wie andere Führungskräfte? Ist das Verfahren fair? Wie erklärt der CEO die Veränderung?

Für die Mitarbeiter sind dagegen Sicherheit, Verlässlichkeit und klare Perspektiven das Entscheidende. Sie beurteilen das Unternehmen in erster Linie nach diesen Kriterien, für sie zählen langfristige Perspektiven: sichere Arbeitsplätze, regelmäßige Gehaltssteigerungen, persönliche Entwicklungsmöglichkeiten, Weiterbildungsangebote. Oftmals haben sie ihren Gestaltungsschwerpunkt gar nicht im Unternehmen, sondern außerhalb, in der Familie, im Bekanntenkreis, bei ihren Hobbys oder in Vereinen. Diese Interessen spielen eine größere Rolle, als dies bei Führungskräften der Fall ist. Seit dem Aufleben einer neuen Unternehmenskultur im Gefolge der New Economy haben sich zudem die Kommunikationsstrukturen in vielen Unternehmen gravierend verändert: Mit Intranet und E-Mail stehen direkte Kommunikationsinstrumente zur Verfügung, mit denen jederzeit alle Mitarbeiter unmittelbar angesprochen werden können. Das prägt auch deren Erwartungshaltung: Sie entwickeln nicht nur größeres Interesse an der wirtschaftlichen Entwicklung des Unternehmens, sondern erwarten, bedingt durch die flacheren Hierarchien, permanentes Feedback und Informationen zu dessen künftigem Kurs. Schließlich wollen sie nicht allein über Entscheidungen, sondern auch über Hintergründe und Ziele des unternehmerischen Handelns informiert werden.

Für beide Gruppen, Führungskräfte wie Mitarbeiter, spielen jedoch auch emotionale Faktoren eine wichtige Rolle: Mitarbeiter möchten stolz sein auf das Unternehmen, in dem sie arbeiten. Ein CEO, der sich auf dem Boulevard tummelt, kann seiner Belegschaft durchaus peinlich werden. Die Beschäftigten wünschen sich einen Chef an der Spitze, der sie nach außen glaubwürdig vertritt, der in den Medien sympathisch wirkt, mit dem sie sich identifizieren können, der auch über die unternehmerische Kernaufgabe hinaus »eine gute Figur macht« und das Unternehmen überzeugend repräsentiert. Nicht zuletzt spielt Anerkennung nicht nur in der Managementpraxis, sondern auch in der Kommunikation mit der Belegschaft eine wichtige Rolle. Menschen haben ein feines Gespür dafür, wer Anerkennung erfährt und wer nicht. Insofern erzeugt eine Kommunikation, die sich ausschließlich an die Financial Community richtet, per se schon eine Schieflage.

Die **organisierten Interessenvertretungen** der Arbeitnehmer verfügen oftmals über eine sehr machtvolle Position in Unternehmen. Ihre starke Rolle, die sich aus den entsprechenden rechtlichen Regelungen herleitet, gibt ihnen ein erhebliches Potenzial zur Entfesselung öffentlicher Kampagnen – erinnert sei beispielsweise an die Auseinandersetzungen um die Installation eines Betriebsrates bei SAP und bei Lidl. Andererseits hat gerade die organisatorische Einbindung der Arbeitnehmerinteressen zu einem Konfliktausgleich geführt, der sich an den niedrigen Streikzeiten in Deutschland ablesen lässt. Durch die Institutionalisierung des Interessenkonflikts und -ausgleichs in der Mitbestimmung verläuft die Kommunikation mit den Interessenvertretungen von Mitarbeitern und Führungskräften in der Regel in formell geregelten Bahnen, kann aber schnell die Bühne wechseln.

Kunden bilden eine wachsende Macht im Wirtschaftsleben. Sie sind zunehmend besser informiert, werden kritischer und in ihrem Kaufverhalten unberechenbarer und wechselhafter. Deshalb kommt der Information eine wachsende Rolle zu, denn in reifen Märkten liegen Unterschiede zwischen verschiedenen Produkten und Leistungen oft im Detail – und müssen vermittelt, erläutert und in ihrer Funktion und Bedeutung erklärt werden. Es ist zu einer kommunikativen Aufgabe geworden, den Wert und Nutzen von Leistungen und Preisbildungsmechanismen in reifen Märkten deutlich zu machen. Dies verlangt nach anderen kommunikativen Strategien als nach platten Marketingbotschaften. Vielmehr geht es darum, Vertrauen zu schaffen, den Kunden Respekt und Wertschätzung zu vermitteln und ihnen Informationen zu geben, die es erlauben, die Produkt- und Preisentscheidungen des Unternehmens zu verstehen – gerade dann, wenn die Gefahr besteht, dass Preiserhöhungen als Ausdruck einseitiger Kapitalmarktorientierung interpretiert werden.

Neben der individuellen Beziehung des einzelnen Kunden zum Unternehmen sind Kunden als Verbraucher Teil der **Gesellschaft** und tragen somit gesellschaftliche Erwartungen an das Unternehmen heran: Es soll ein guter Steuerzahler und Arbeitgeber sein, gesellschaftliche Verantwortung übernehmen, sich in der Region engagieren, als Sponsor Kultur- und Sportveranstaltungen oder soziale Einrichtungen unterstützen und anderes mehr. Gegenüber öffentlichen Körperschaften und der breiten Öffentlichkeit erscheinen Unternehmen als öffentliche Personen, die – wie einzelne Bürger auch – in einer Verantwortung gegenüber dem Gemeinwesen stehen. In jüngster Zeit wurde diese Verpflichtung unter dem Begriff »Corporate Citizenship« diskutiert. Dieser Ansatz begreift Unternehmen als Bürger, die – wie die individuellen Staatsbürger auch – Rechte und Pflichten gegenüber der Gemeinschaft haben.

Neben diesen konkreten Beziehungen sind Unternehmen auch Teil einer abstrakteren Öffentlichkeit und damit betroffen von Themenkonjunkturen, Trends und Kampagnen. Nur – *die* Öffentlichkeit gibt es nicht; sie zerfällt in Teilöffentlichkeiten und öffentliche Diskurse, in denen wiederum Medien und gesellschaftliche Interessengruppen eine zentrale meinungsbildende Rolle spielen und somit über eine hohe Definitionsmacht verfügen. Hierbei kommt vor allem den Nichtregierungsorganisationen (NGOs) eine wachsende Bedeutung zu: Verbraucher- und Umweltschützer, Menschenrechtsgruppen, Dritte-Welt-Aktivisten, Anti-Globalisierungs- und globalisierungskritische Gruppen, humanitäre Hilfsorganisationen und andere gehören zu diesem breiten Spektrum. NGOs melden sich vor allem bei global tätigen Unternehmen zu Wort, etwa wenn es um die Einhaltung von Menschenrechten, die Vermeidung von Kinderarbeit oder das Umsetzen von menschenwürdigen Arbeitsbedingungen in Tochterunternehmen und Zulieferbetrieben geht. Sie können aber auch auf den Plan treten, wenn etwa ein lokales Unternehmen Umweltstandards verletzt oder Arbeitsplätze ins Ausland verlagert. Gerade ihre Unberechenbarkeit, ihr Skandalisierungs- und Kampagnenpotenzial sowie ihre Mobilisierungsfähigkeit machen die NGOs zu einem bedeutenden gesellschaftlichen Machtfaktor, der zunehmend auch international vernetzt in Erscheinung tritt. So wurden in den vergangenen Jahren verschiedene Unternehmen, vor allem des Sportbekleidungs- und Textilsektors, mit Vorwürfen hinsichtlich der Arbeitsbedingungen in Schwellenländern konfrontiert.[18] Ein kontinuierlicher Dialog schützt vor Missverständnissen, Fehlinterpretationen oder – im schlimmsten Fall – Boykottaktionen.

Gegenüber den nicht selten lautstark auftretenden NGOs sind die »klassischen« Interessenvertretungen – wie **Verbände** – ein wenig in den Hintergrund gerückt. Zu Unrecht. Traditionelle Verbandsarbeit, oftmals auf reinen Lobbyismus reduziert, spielt nach wie vor eine wichtige Rolle in der öffentlichen Meinungsbildung wie der Politikformulierung. Verbände wirken als verlängerter Arm von Branchen und Unternehmen in den politischen Raum hinein und versuchen, den Interessen ihrer Mitglieder Gewicht zu verschaffen. Aber auch hier zeigen sich Veränderungstendenzen. Die Bindungskraft des Modells Deutschland schwindet auch im Bereich der Verbände. Die Interessen differenzieren sich, sind nicht mehr so einheitlich gelagert wie zu industriellen Zeiten. Zunehmend entziehen sich große Unternehmen den Verbandsvertretungen, sei es aus Effizienzgründen, weil sie ihre Interessen nicht ausreichend vertreten sehen oder weil sie eine eigene öffentliche Profilierung anstreben und aus diesem Grund eigene Repräsentanzen in den politischen Entscheidungszentren aufbauen.

Gewandelt hat sich auch das politische Umfeld, in dem Unternehmen agieren. Wirtschaft ist zu einem Thema der **Politik** geworden. Weil die Arbeitslosenzahlen unverändert hoch sind und die Wirtschaftskraft nachgelassen hat, bestimmen wirtschaftliche Themen die politische Debatte. Man kann dies – positiv – als Ausdruck der gewachsenen Bedeutung der Wirtschaft betrachten, jedoch birgt die Politisierung der Ökonomie auch erhebliche Gefahren. Dies liegt darin begründet, dass (partei-)politische Auseinandersetzungen einer anderen Logik folgen als andere gesellschaftliche Debatten. Hier geht es nicht in erster Linie darum, die Oberhand im Meinungsstreit zu gewinnen, sondern es geht um die Mobilisierung von Wählerstimmen. Dies beeinflusst den politischen Diskurs ganz erheblich – zumal in einem Land, in dem beinahe permanent Wahlkampf herrscht. Das wachsende Interesse der Öffentlichkeit an wirtschaftlichen Fragen steigert deren Skandalisierungspotenzial – eine Tatsache, die sich Politiker, egal welcher Couleur, zunutze machen und unternehmerisches Handeln und dessen Folgen in den Mittelpunkt populistischer Kampagnen rücken. Damit verdrängt emotionale Diskussion die sachliche Vermittlung und Erörterung von Fakten. Unternehmen und Management laufen damit Gefahr, zum Spielball politischer Interessen zu werden. Dies verlangt nach einer Neuausrichtung der Unternehmenskommunikation: Es gilt zu erkennen, dass Unternehmen eine politische Rolle innehaben und Teil des politischen Meinungsbildungsprozesses sind – ob sie wollen oder nicht. Unternehmenslenker müssen das Bedrohungspotenzial dieser Meinungs- und Willensbildungsmechanismen für die eigene Branche und das eigene Unternehmen ins Kalkül ziehen und sich entsprechend wappnen.

Die politische Kommunikation verläuft größtenteils vermittelt über die Medienöffentlichkeit, die auch in der Kommunikation mit den Stakeholdern insgesamt eine vermittelnde Rolle spielt. Unternehmen kommunizieren teils direkt, teils über die mediale Öffentlichkeit mit ihren Bezugsgruppen. **Journalisten und Medien** berichten über das Unternehmen, seine Strategien, seine Geschäfte und eben auch über seine Kommunikation mit seinen Diskussionspartnern. Sie berichten, reflektieren, kritisieren und schaffen ein mediales Bild des Unternehmens, das sie in eine breitere Medienöffentlichkeit vermitteln. Sie sind damit selbst Stakeholder des Unternehmens, und einer der wichtigsten dazu. Die Kommunikation mit ihnen beeinflusst das mediale Bild des Unternehmens, im positiven wie im negativen Sinne. Deshalb gehört die Kommunikation mit den Medien zu den Kernaufgaben des Topmanagements. Gleichwohl ist sie ein schwieriges Feld – Glatteis für manchen Vorstand. Denn Journalisten »ticken« anders. Das ist keineswegs negativ gemeint, nur unterscheiden sich Journalisten in ihrem Rollenverhalten und ihrem Rollenverständnis grundlegend von den meisten anderen Kommunikationspartnern, mit denen ein Topmanager in seinem Berufsalltag zu tun hat. Dies gilt es zu berücksichtigen.

Wie alle anderen Stakeholder auch, wollen Journalisten in erster Linie ernst genommen werden. Ihr Beruf genießt den besonderen Schutz des Grundgesetzes; sie verstehen sich als vierte Säule des demokratischen Staatswesens. Ernst genommen zu werden bedeutet vor allem Gesprächsbereitschaft, auch »off the records«, also im Hintergrundgespräch, bei dem Informationen gegeben werden, die nicht zur Veröffentlichung bestimmt sind. Das beruht auf Gegenseitigkeit und erfordert eine gewisse »Dealfähigkeit«, also die beiderseitige Bereitschaft, sich an die vereinbarten Spielregeln zu halten. Entscheidend für die Kommunikation mit Journalisten ist, aus welchem Wirkungsraum sie kommen und in welchem Ressort sie redaktionell verortet sind: ob in »der Politik« oder in »der Wirtschaft«.

Politik- und Wirtschaftsjournalisten zeigen unterschiedliche Denkmuster und bewegen sich in unterschiedlichen Referenzräumen: Wirtschaftsjournalisten betrachten Unternehmen stärker unter einer strategischen und betriebswirtschaftlichen Rationalität, als Politikjournalisten dies tun. Oftmals sind sie auch ähnlich ausgebildet und gehören zur selben Altersgruppe wie Analysten und teilen deren Blickwinkel. Zudem sind sie in ihrer täglichen Arbeit näher an den Unternehmen »dran«, insofern sie für ihre Berichterstattung auf Informationen aus den Unternehmen angewiesen sind. Politikjournalisten hingegen pflegen keinen engen Kontakt zu den Unternehmen und urteilen aus einem übergeordneten, nicht so stark betriebswirtschaftlichem Denken verpflichteten Blickwinkel. Kurz gesagt: Während Wirtschaftsjournalisten zumindest tendenziell die betriebswirtschaftliche Perspektive der Analysten teilen, sehen Politikjournalisten Unternehmen immer in größeren, volkswirtschaftlichen und politischen Zusammenhängen. Weit stärker, als dies im Wirtschaftsressort der Fall ist, spielen auch politische Diskurse und Einflüsse von NGOs, Parteien und Verbänden herein. Als der damalige SPD-Chef Franz Müntefering im April 2005 internationale Finanzinvestoren mit »Heuschreckenschwärmen« verglich und damit Öl ins Feuer der Kapitalismusdebatte goss, loderte dies vor allem in den politischen Teilen der Zeitungen, während sich die Wirtschaftsredaktionen bemühten, den Brandherd einzugrenzen. So ergab eine von *Deekeling Arndt Advisors*[19] im Zeitraum von April bis Juli 2005 durchgeführte Medienanalyse, dass die Kapitalismusdebatte klar von den Politikjournalisten dominiert war.

Diese unterschiedlichen Blickwinkel müssen beachtet werden, wenn ein Thema plötzlich die Ebene wechselt, auf der es verhandelt wird: Mit dem Sprung vom Wirtschafts- in den politischen Teil der Zeitungen wandelt sich auch die Art der Thematisierung. Nicht zuletzt gilt es, die besondere Rolle der Politikjournalisten zu bedenken: Sie spielen über ihre publizistische Funktion hinaus eine wesentlich stärkere Rolle in politischen Meinungsbildungsprozessen, als man gemeinhin annimmt. In Hintergrundgesprächen mit Politikern fungieren sie als deren Sparringspartner und übernehmen die Rolle des »Spindoktors« im politischen Prozess. Leitartikel lassen sich somit auch als eine Form der Politikberatung lesen. CEOs müssen sich dieser besonderen Rolle des politischen Journalismus bewusst sein, denn ihre Aufgabe ist es, die Kommunikation ihres Unternehmens zu führen. Und sie sind es in erster Linie auch, die mit Leitartiklern und Leitern von Politikressorts zusammenkommen.

Diese deutlichen Wahrnehmungsunterschiede bei Wirtschafts- und Politikjournalisten bestätigt auch eine Umfrage zur CEO-Kommunikation, die das Institut für Demoskopie Allensbach im Sommer 2005 im Auftrag von *Deekeling Arndt Avisors* durchgeführt hat[20]. Das Meinungsforschungsinstitut befragte Analysten bei Banken und Investmentgesellschaften, Journalisten aus den Bereichen Wirtschaft und Politik, Leiter Unternehmenskommunikation sowie Arbeitnehmervertreter in den Aufsichtsräten der größten börsennotierten deutschen Unternehmen zum Kommunikationsverhalten deutscher CEOs. Nach Einschätzung von 90 Prozent der Befragten ist der Stellenwert der CEO-Kommunikation deutlich gestiegen. Vor allem Experten mit langer Berufserfahrung konstatierten fast einmütig einen Bedeutungszuwachs. Allerdings sind einige Gruppen unter den Befragten skeptisch, inwieweit die Topmanager die daraus erwachsenden Anforderungen erfüllen:

- 35 Prozent der Politikjournalisten und 16 Prozent der Wirtschaftsjournalisten sind der Ansicht, dass sich das Kommunikationsverhalten der CEOs nicht verändert hat.

- Vor allem Arbeitnehmervertreter (21 Prozent) und Politikjournalisten (18 Prozent) halten die Mehrheit der CEOs für arrogant und glauben, dass sie sich mehr und mehr wie Medienstars gebärden.

- Die Mehrheit der Befragten, darunter auch die Analysten, sind der Ansicht, dass viele CEOs gravierende Fehler in der Kommunikation mit der Öffentlichkeit begehen. Als besonders auffällige Beispiele wurden Josef Ackermann, Jürgen Schrempp und Ron Sommer genannt.

- Viele Befragte wünschen sich vor allem eine deutlich offenere, glaubwürdigere Kommunikation (43 Prozent). Insbesondere Politikjournalisten (55 Prozent) ist dabei wichtig, dass der CEO Einfühlungsvermögen beweist und den richtigen Ton trifft.

Aufschlussreich ist auch die Perspektive der befragten Leiter Unternehmenskommunikation: Sie fokussieren ihre Kommunikation vorwiegend auf die Wirtschaftsjournalisten und orientieren sich dabei vorwiegend an den Standards ihrer Business-Communities.

Das Schlagwort »Kommunikation ist Chefsache« stimmt

Die Umfrage belegt die wachsende Bedeutung von CEO-Kommunikation. Unser Überblick über die wichtigsten Stakeholder und die spezifischen Anforderungen in der Kommunikation mit ihnen hat deutlich gemacht, wie komplex dieses Feld ist. Es dürfte auch deutlich geworden sein, dass die Aufgabe der Kommunikation mit den Stakeholdern vielfach nicht delegierbar ist. Sie ist Chefsache – CEO-Kommunikation.

Schon früh erkannt hat dies Peter B. Záboji, von April 2000 bis August 2002 Vorstandsvorsitzender des Telekommunikationsdienstleisters Tenovis und heute Professor of Entrepreneurship an der französischen Managementhochschule INSEAD. Er sieht in richtig verstandener CEO-Kommunikation einen entscheidenden Wettbewerbsvorteil. In seinem Buch *Change!* betont er, Kommunikation sei eine der obersten Pflichten eines CEO: »Wenn wir fordern, dass Mitarbeiter in einem modernen Unternehmen eigenverantwortlich ihren Beitrag für das Ganze leisten, dann ist die Kommunikation des Ganzen die eigentliche Aufgabe des Topmanagements. Mitarbeiter können folglich nur effizient tätig werden, wenn es ihnen ermöglicht wird, Vision und Zweck des Unternehmens zu erkennen.«[21] Eine wesentliche Rolle des CEO sei es demnach, zusammenzuführen, zu informieren und darauf zu achten, dass Einzelne nicht aus dem Informationsfluss ausgegrenzt würden. Im Kern gehe es darum, betont Záboji, eine Botschaft jeweils differenziert in Stil, Duktus, Format und Tonalität an Mitarbeiter, Kunden, Shareholder und an die Öffentlichkeit zu vermitteln. »So verstanden wird Kommunikation in der Informationsgesellschaft zum Helfer bei der Wertschöpfung, dient der Steigerung der Effizienz und Wettbewerbsfähigkeit und gehört längst nicht mehr in die soziologische Ecke«, ist Záboji überzeugt: »Moderne Führung besteht in erster Linie aus Kommunikation.«[22]

In vielen Unternehmen scheint diese – zentrale – Einsicht jedoch noch nicht angekommen zu sein. Zwar wird die Notwendigkeit eines Dialogs mit den verschiedenen Anspruchsgruppen im Grundsatz erkannt, doch klaffen theoretische Einsicht und kommunikative Praxis vielfach auseinander. Diese kognitive Dissonanz offenbart sich gerade im Verhalten zahlreicher CEOs: Sie erkennen nicht, dass mit dieser Einsicht auch ein Wechsel des eigenen Rollenmusters verbunden ist. Statt die Rolle des Kommunikators anzunehmen, betrachten sie die strategische Kommunikation weiterhin als Aufgabe der jeweiligen Stabsabteilung – und letztlich bleibt alles beim Alten. Das sieht auch Záboji so. Kommunikation gehöre »zu den am meisten vernachlässigten Stellschrauben zur Sicherung der Zukunftsfähigkeit eines Unternehmens«, kritisiert er.[23] Seinen Erfahrungen in Führungspositionen großer Unternehmen nach wird in der Wirtschaft völlig unterschätzt, wie wichtig es ist, Botschaften und Inhalte in passender und zielgruppengerechter Form zu kommunizieren. Während also Management- und Führungsinstrumente weit fortentwickelt wurden und in den Unternehmen auf breiter Front angewandt werden, bewegt sich die Kommunikation oft noch weitgehend in den Bahnen klassischer PR und Pressarbeit. Von strategischer CEO-Kommunikation keine Spur.

Wie kann das sein? Warum fehlt im Management noch immer ein Verständnis für die Bedeutung strategischer Kommunikation? Ein Grund liegt sicher darin, dass die Sozialisation von Managern fast ausschließlich auf die Lösung technischer Aufgaben ausgerichtet ist. Die Fachstudiengänge, seien es Wirtschafts-, Ingenieurs- oder Naturwissenschaften, finden in Deutschland überwiegend »allgemeinbildungsfrei« statt. Es geht um »harte« Themen, um Kausalitäten. Für alles gibt es festgelegte Muster, Raster, Mechanismen, Kennzahlen. Anders als im angelsächsischen Raum, wo der Spezialisierung ein Studium Generale vorausgeht, beginnt an deutschen Universitäten und Fachhochschulen das Studium thematisch fokussiert – und hört ebenso fokussiert auf. Es ist bemerkenswert, dass bei all den vorgebrachten Argumenten für eine möglichst kurze Studiendauer nie auf das offenbar erfolgreiche Modell einer breit gefächerten Basisbildung nach angelsächsischem Vorbild hingewiesen wird. Wo Bildung im klassischen humanistischen Sinne ausgeblendet wird, mangelt es am Blick für die Zusammenhänge, am Verständnis für die Dinge jenseits technisch-instrumenteller Rationalität. Und hierzu gehören sozioökonomische Zusammenhänge, hierzu gehört auch Kommunikation. Wenn dieser Überblick fehlt, gesellt sich zu eingebildeter Omnipotenz leicht ein fataler Tunnelblick.

In diesem Kapitel wurden die unterschiedlichen Bezugsgruppen eines Unternehmens mit ihren Interessen und Erwartungen ausführlich dargestellt. Unser erster Praxisratschlag kann sich auf eine summarische Empfehlung beschränken:

Alle Stakeholder im Blick behalten

Die Unternehmenskommunikation muss alle Stakeholder im Blick behalten und einbeziehen. Das setzt eine spezifische Ansprache entsprechend den jeweiligen Interessen, Zielen und auch Empfindlichkeiten voraus. Es reicht nicht aus, die für den Kapitalmarkt bestimmte Kommunikation eins zu eins auch an die übrigen Stakeholder zu richten. Diese Erkenntnis ist zentral – und wird deshalb noch an der einen oder anderen Stelle dieses Buchs ins Spiel kommen. Dies scheint uns auch deshalb gerechtfertigt zu sein, weil ebendiese Praxis in Deutschland nach wie vor die Kommunikation der Unternehmen dominiert.

Das setzt freilich voraus, dass klare Vorstellungen über Ziele, Adressaten und Schwerpunkte der Kommunikation entwickelt werden. Wer keine klaren Vorstellungen hinsichtlich seiner Kommunikation hat, der vergibt wichtige Chancen, seine unternehmerische Agenda zum Erfolg zu führen. Um den Zusammenhang zwischen kommunikativer und unternehmerischer Agenda geht es im folgenden Kapitel.

Anmerkungen

1 o.V.: »Die Deutsche Telekom findet keinen Ausweg aus der Krise«, in: *Frankfurter Allgemeine Zeitung*, 07.07.2002

2 o.V.: »Hauen und Stechen in der Deutschen Telekom«, in: *Frankfurter Allgemeine Zeitung*, 11.07.2002

3 Visser, C.: »Der schöne Schein«, in: *Der Tagesspiegel*, 24.02.2001

4 Latour, A./Knüwer, T.: »Die Abrechnung, bitte«, in: *Handelsblatt*, 05.07.2002

5 Frühbrodt, L./Nicolai, B./Riering, B./Seidlitz, F.: »Ron Sommer, das Politopfer«, in: *Die Welt*, 30.12.2002

6 o.V.: »Belegschaft steht hinter Sommer«, *Stern online*, 12.07.2002, http://www.stern.de/wirtschaft/unternehmen/255346.html?nv=cb

7 zit.n. Brauck, M.: »Mythos Deutsche Telekom«, in: *brand eins*, Nr. 10/2003, S. 22-31, hier S. 30

8 Visser, C.: »Der schöne Schein«, in: *Der Tagesspiegel*, 24.02.2001

9 Wulff, M.: »Ricke beendet das Kapitel Ron Sommer«, in: *Welt am Sonntag*, 10.10.2004

10 Rappaport 1999, S. Seite 6

11 Grötker, R.: »Das neue Spiel«, in: *brand eins*, Nr. 03/2006, S. 72-79, hier S. 75

12 zit. n. o.V.: »Shareholder-Value«, 03.05.2006, http://www.4managers.de/10-Inhalte/asp/ShareholderValue.asp?hm=1&um=S

13 vgl. Figge 2002

14 Sachs, S.: »Stakeholder werden als Erfolgsfaktoren erkannt«, in: *Handelszeitung*, 05.10.2005

15 Figge 2002, S. 1

16 Sachs, S.: »Stakeholder werden als Erfolgsfaktoren erkannt«, in: *Handelszeitung*, 05.10.2005

17 vgl. Kretschmer, W.: »Die neuen Stärken«, in: *brand eins*, Nr. 04/2005, S. 80-86

18 vgl. Klein, N.: *No Logo. Der Kampf der Global Players um Marktmacht. Ein Spiel mit vielen Verlierern und wenigen Gewinnern*, Riemann Verlag 2001; eine kritische Recherche zu diesen Vorwürfen hat die amerikanische Professorin Pietra Rivoli unternommen: Rivoli, P.: *Reisebericht eines T-Shirts. Ein Alltagsprodukt erklärt die Weltwirtschaft*, Econ Verlag, München 2006

19 damals noch Deekeling Identity & Change

20 im Folgenden als Allensbachstudie gekennzeichnet (vgl. Verzeichnis Studien)

21 Záboji 2002, S. 218

22 ebd., S. 213

23 ebd., S. 212

Kapitel 2

Ohne Agenda kein Plan

> Kommunikation ist Chefsache. Um seine neue Rolle ausfüllen
> zu können, muss der CEO aus seiner unternehmerischen
> eine kommunikative Agenda ableiten. Eindeutige Botschaften
> und eine erzählbare Geschichte sind ebenso nötig wie eine
> klare Analyse der kommunikativen Ausgangslage. Nur so kann
> der CEO seine kommunikativen Ziele, seine Rolle und die
> Bühnen definieren, auf denen er agieren will und muss.

»Wir reden hier eigentlich von Peanuts!«[1] Mit Peanuts, dem amerikanischen umgangssprachlichen Ausdruck für Kleinigkeiten, meinte Hilmar Kopper, der damalige Vorstandssprecher der Deutschen Bank, Handwerkerrechnungen in Höhe von 50 Millionen Mark, die nach der Milliardenpleite des Frankfurter Bau- und Immobilienkonzerns von Jürgen Schneider unbezahlt geblieben waren. Die Bemerkung fiel im Rahmen einer Pressekonferenz im April 1994, auf der Kopper die Auswirkungen des Firmenzusammenbruchs auf das Frankfurter Geldinstitut darstellte: Von Schneiders Bankschulden in Höhe von 5,3 Milliarden entfielen 1,3 Milliarden auf die Deutsche Bank. Gemessen daran waren 50 Millionen tatsächlich ein vergleichsweise geringer Betrag. Doch was einem Investmentbanker allenfalls ein Schmunzeln abgerungen hätte, entfachte in der Öffentlichkeit einen Sturm der Entrüstung. »Peanuts« wurde schließlich zum »Unwort des Jahres« gekürt. Hier lohnt es sich, die Begründung der Professorenriege für ihre Wahl im Jahr 1994 näher anzusehen. Dort heißt es: »Da es sich dabei aber vor allem um Gelder handelte, die kleineren und mittleren Firmen für schon erbrachte Leistungen zustanden, war diese Qualifizierung (sic!) außerordentlich zynisch, weil die Außenstände etliche Firmen an den Rand des Ruins brachten.«[2] Anders gesagt: Was in Finanzkreisen allenfalls als flapsige Bemerkung gegolten hätte, erschien in einer breiteren Öffentlichkeit als Arroganz der Mächtigen. Nur richtete sich Koppers Pressekonferenz nicht an die Financial Community, sondern eben an eine breitere Öffentlichkeit.

Ein klassischer Beleg also für unsere These, dass die Kommunikation von CEOs oftmals nicht nach Zielgruppen zu differenzieren weiß, sondern die Ansprache des Kapitalmarkts auf alle Stakeholder ausweitet.

Man kann Koppers Bemerkung als Ausrutscher oder kleine Unachtsamkeit sehen – doch hing sie wie eine Klette an seinem Image. Kopper indes nahm es gelassen und ließ sich für die Werbung einer Frankfurter Zeitung in den USA sogar auf einem Lastwagen fotografieren, der Erdnüsse geladen hatte. Den Spitznamen »Mr. Peanuts« wurde er jedoch nicht mehr los. Ähnlich erging es dem von Kopper an die Spitze der Deutschen Bank geholten Josef Ackermann, der durch zwei mediale Ausrutscher sein Image als Hardcore-Kapitalist zementierte.

Während seiner ersten Bilanzpressekonferenz an der Spitze der Deutschen Bank hatte Ackermann die Nachricht ereilt, dass gegen ihn wegen satter Abfindungen bei der Mannesmann-Übernahme durch Vodafone Anklage erhoben wurde. Vom ersten Prozesstag im Januar 2004 ging dann ein Bild um die Welt: Ackermann, wie er lächelnd zwei Finger zum Victory-Zeichen spreizte – diese Geste wurde prompt »zum Sinnbild für den Sittenverfall bei Topmanagern«, wie der *Stern* schrieb.[3] Die Wellen der Empörung schlugen hoch. Unter der Überschrift »V wie Verlierer« teaserte *Die Welt am Sonntag*: »Das Victory-Zeichen des Deutsche-Bank-Chefs Ackermann vor Gericht zeigt die elitäre Haltung des Instituts. Konsequent arbeitet es am negativen Image«[4]. Ackermanns Entschuldigung bei der Vorsitzenden Richterin und seine Erklärung des Vorfalls vermochten die Wogen nicht zu glätten. Demnach war das Bild ein unglücklicher Zufall. Zwickels Anwalt Rainer Hamm zufolge entstand das Bild aus einer Frotzelei über den Popstar Michael Jackson, der sich kurz zuvor vor einem amerikanischen Gericht verantworten musste. Hamm schilderte den Vorfall in einem Interview mit der Wochenzeitung *Die Zeit* später so: »Wir waren pünktlich, bloß das Gericht kam nicht, 20 Minuten, eine halbe Stunde, ohne dass wir bis dahin eine Erklärung bekommen haben. Da habe ich mich zu den anderen umgedreht und einen Scherz gemacht: Die Woche davor habe Michael Jackson eine Rüge bekommen, weil er das US-Gericht 20 Minuten warten ließ. Darüber haben wir in dieser Verlegenheitsphase dann etwas herumgefrotzelt, und Herr Ackermann hat gesagt, dass Jackson sogar noch die Finger gespreizt habe – und schon war das Bild da.«[5] Wenige Minuten vor seiner Geste hatte Ackermann allerdings einen Satz gesagt, der nicht weniger in der öffentlichen Kritik stand und – ebenso wie das Victory-Zeichen auch – als Arroganz gegenüber dem Gericht wahrgenommen wurde: »Dies ist das einzige Land, wo diejenigen, die erfolgreich sind und Werte schaffen, deswegen vor Gericht stehen.«[6] Das passte zum Victory-Zeichen – und beides zu der öffentlichen Wahrnehmung des Vorstandssprechers. Der galt als Vertreter des angelsächsischen Shareholder-Kapitalismus. Ihm sagte man nach, dass ihm die Wahrnehmung für den gesellschaftlichen Kontext fehlte, in dem er agierte. Arrogant, isoliert, ohne Gespür für den deutschen Markt sei er, kritisierten die Medien den CEO, der bisweilen wie ein Halbgott auftrete.

Doch Ackermanns medialer Super-GAU sollte erst noch kommen, ein Jahr später. Was war geschehen? »Eigentlich nichts, zumindest nichts Überraschendes«, schrieb *Die Welt* zutreffend.[7] Es war eher das Zusammentreffen mehrerer, für sich genommen höchst vorhersehbarer Ereignisse, das den Eklat auslöste. Seit einem halben Jahr hatten die Zeitungen bereits darüber spekuliert, dass die Arbeitslosenzahlen im Winter 2004/ 2005 zum ersten Mal die Marke von fünf Millionen übersteigen könnten. Am 2. Februar 2005 war es so weit: »Die registrierte Arbeitslosigkeit hat sich im Januar um 573 000 auf 5 037 000 erhöht«, gab Frank J. Weise, der Vorstandsvorsitzende der Bundesagentur für Arbeit, das Erwartete bekannt.[8] Was am Tag danach, als die fünf Millionen Arbeitslosen die Schlagzeilen der Zeitungen bestimmten, bei der Jahrespressekonferenz der Deutschen Bank folgte, war ebenfalls keineswegs sensationell: Eine zahlenlastige Rede, in der Josef Ackermann ein »signifikantes Ergebniswachstum« in Form eines Gewinns vor Steuern in Höhe von 4,1 Milliarden Euro verkündete, die Steigerung der Eigenkapitalrendite auf 25 Prozent als Jahresziel ausgab und – neben vielen anderen Maßnahmen – »einen Stellenabbau von insgesamt 6 400 Arbeitsplätzen« ankündigte.[9] Dabei wurden die »Massenentlassungen trotz Milliardengewinnen«[10], so die *Frankfurter Allgemeine Zeitung*, gar nicht mal »fast in einem Atemzug« verkündet, wie in der Presse stand – dieser Eindruck entstand allein in der medialen Zuspitzung und Verdichtung. Allein das Zusammentreffen der Nachrichten »Rekordarbeitslosigkeit + Rekordgewinne + Stellenabbau« ergab ein explosives Gemisch mit hohem Skandalisierungspotenzial. Dass sich dabei niemand für die Gründe der Entlassungen und den Status der Betroffenen – es handelte sich um hoch bezahlte Investmentbanker mit hohem beruflichen Risiko, nicht um »kleine« Bankangestellte – interessierte, liegt wiederum in der Logik medialer Kampagnen. Eine Logik, die nur aus der externen Perspektive zutage trat, aber nicht in Deutschland selbst. So war es der Frankfurter Korrespondent des Zürcher *Tages-Anzeiger*, der auf gewisse Unstimmigkeiten in der Argumentation der Ackermann-Gegner hinwies: »Dass sich Gewerkschafter und SPD-Linke jetzt plötzlich für entlassene Londoner und New Yorker Investment Banker mit sechs- bis siebenstelligen Jahresgehältern stark machen, verdeutlicht nur deren – im wahrsten Sinne des Wortes – grenzenlosen Opportunismus.«[11] Ackermann war ein gefundenes Opfer einer Skandalisierungskampagne.

Dabei waren die Reaktionen so absehbar wie die beiden Ereignisse auch: Ackermann erschien in den Medienberichten als der skrupellose Börsenkapitalist, der die Rendite über alles stellt. Die öffentliche Empörung kochte hoch. Von der hessischen SPD-Vorsitzenden Ypsilanti, die quasi zum Boykott der Deutschen Bank aufrief, bis zu Edmund Stoiber, der von einer »Geschmacklosigkeit« sprach, hagelte es harsche Reaktionen. Und das prägte die öffentliche Wahrnehmung, nicht das Rekordergebnis der Bank. Letztlich war es der damalige SPD-Chef Franz Müntefering, der den Flächenbrand auslöste. Seine Antikapitalismus-Attacke hatte sich an Ackermanns Verknüpfung von Gewinnverdoppelung und Stellenstreichungen entzündet; die Deutsche Bank stand auf der Heuschrecken-Liste der SPD, die sonst nur ausländische Finanzinvestoren aufführte.

Doch hagelte es offenbar auch intern Kritik. »So etwas kann man in New York vor einer Investorenrunde präsentieren, nicht aber vor den versammelten deutschen Journalisten«, zitierte *Die Welt* eine Stimme aus den obersten Managementetagen.[12] Ackermann aber hielt dagegen: »Wir können nicht in New York etwas anderes als in Frankfurt sagen.«[13] Für Ackermann zählte nur die Kommunikation mit der Financial Community, so die öffentliche – mediale – Interpretation. Er lege Wert darauf, dass die Zahlen stimmten, für Konnotationen fehle ihm das Gespür. Doch auch dieses Bild war nicht ganz richtig, zumindest nicht ganz vollständig. Denn am Ende seiner Rede war Ackermann zum Beispiel ausdrücklich auf die Hilfe der Deutschen Bank für die Tsunami-Opfer eingegangen – doch auch dieses Detail fiel der medialen Zuspitzung zum Opfer. Und Ackermann wurde zu »Deutschlands wohl am stärksten angefeindeten Topmanager«, so die *Financial Times Deutschland*.[14]

Schaut man sich die mediale Konstruktion des Ackermann-Bilds näher an, zeigt sich eine wachsende Entfremdung, die schließlich in der wesentlich von Franz Müntefering munitionierten Kampagne gegen den Bankchef gipfelte. »Dieser populistischen und medialen Hetzjagd auf Josef Ackermann ist ein mehrjähriger Entfremdungsprozess zwischen der deutschen Öffentlichkeit und dem Mann an der Spitze des grössten inländischen Geldinstituts vorausgegangen«, urteilt Erik Nolmans in seinem Buch über *Josef Ackermann und die Deutsche Bank.*[15] Seit seinem Eintritt in den Vorstand der Deutschen Bank, mehr noch nach seinem Aufstieg zum Vorstandssprecher wurde Ackermann als Fremdkörper im »Rheinischen Kapitalismus« wahrgenommen. Nicht umsonst, denn Ackermann hat durch den von ihm forcierten Verkauf von Industriebeteiligungen maßgeblich daran mitgewirkt, die Deutschland AG zu zerschlagen. Ackermann wurde als Fremder wahrgenommen, als jemand, dem das Gespür für die Verhältnisse vor Ort abging. In diesem Bild spielte sein Kommunikationschef Simon Pincombe, »der in London saß und selten erreichbar war«, so *brand eins*[16], eine wichtige Rolle. Dieses Motiv spielte auch *Die Zeit*: »Aber wenn ein Brite, der kaum Deutsch spricht, die Außendarstellung des größten deutschen Geldhauses verantwortet, sagt auch das viel aus über das Koordinatensystem, an dem Ackermann die Bank und sich selbst misst«, so das Blatt, »die Deutsche Bank hat das Gefühl für Deutschland verloren.«[17]

Das ist das zentrale Motiv, das sich, überspitzt ausgedrückt, so umschreiben lässt: Ackermann, der Agent des angelsächsischen Shareholder-Kapitalismus. »Kein zweiter Chef eines deutschen Grossunternehmens«, so nochmals Erik Nolmans in seinem Buch, »personifiziert den angelsächsisch orientierten, global ausgerichteten Manager idealtypischer als Josef Ackermann, dieser Ausländer, dieser in der Schweiz aufgewachsene Bankmanager, der einen Grossteil seiner Karriere in London und in New York absolviert hat.«[18] Diese Charakterisierung eignete sich wiederum in idealer Weise für eine Skandalisierung. Der Sündenbock war gefunden. Den »Ackermännern« (Müntefering) konnte man die Verantwortung zuschieben – und sei es für Arbeitslosenzahlen, die unter der Regierungsverantwortung der eigenen Partei gewachsen waren. Vice versa findet sich diese Wahrnehmung des Deutsche-Bank-Chefs übrigens in der englischen und amerikanischen Presse. Dort gilt Ackermann als »Speerspitze einer Bewegung, die das verkrustete Wirtschaftssystem Deutschlands aufbricht«.[19]

Und daraus leitet sich zu einem guten Teil die Wertschätzung her, die Ackermann dort genießt.

Dieses Interpretationsmuster zeigt sich auch deutlich an der Bewertung von Ackermanns Kommunikationschef Simon Pincombe, der, wie bereits zitiert, »in London saß und selten erreichbar war«. In der öffentlichen Interpretation spielte er die Rolle des fernen Stichwortgebers, der mit dafür verantwortlich war, dass Ackermann das Gespür für die besonderen Verhältnisse in Deutschland fehlte. Doch steht diese Interpretation auf wackeligen Füßen. Nach den Recherchen des Ackermann-Biografen Erik Nolmans warnten sowohl Simon Pincombe, der oberste Kommunikationschef der Bank, wie auch Alfredo Flores, damals Leiter der Pressearbeit in Deutschland, »die Bankspitze vor negativen Reaktionen auf die Ankündigung des Stellenabbaus«. Die Presseleute, so Nolmans, machten sogar »Vorschläge, wie die Botschaft etwas entschärft werden könnte«, wurden aber »schliesslich von den Investor-Relations-Leuten überstimmt«.[20] Es setzte sich also die Doktrin der Finanzmarkt-Kommunikation durch. Auf die Probleme einer auf Einheitlichkeit getrimmten Kommunikation kommen wir später noch zu sprechen (siehe Kapitel 5). Hier geht es zunächst um eine andere Lehre: Josef Ackermann konnte zweifellos die selbst gesteckten unternehmerischen Ziele – die Eigenkapitalrendite von 25 Prozent nach Steuern – realisieren, dieser Erfolg trat aber 2005 in der öffentlichen Wahrnehmung hinter die Negativmeldungen zurück.

Nachgetragen sei noch, dass Josef Ackermann und die Deutsche Bank ihre Lehren aus dem Kommunikationsdesaster zogen. So gab sich Ackermann in einem langen Interview mit der *Bild-Zeitung* im Februar 2006 betont zurückhaltend und auf Ausgleich bedacht. Auch bei der Bilanzpressekonferenz 2006 präsentierte er sich »nun ohne triumphale Gesten«[21] – obwohl er das angekündigte Renditeziel erreichen konnte. Auch personell wurden Konsequenzen gezogen: Die Bank holte die Leitung der weltweiten Pressearbeit nach Frankfurt zurück. Im Mai 2005 übertrug Simon Pincombe Alfredo Flores, dem bisherigen Leiter der Pressearbeit Deutschland, die Verantwortung für die gesamte Pressearbeit des Konzerns.[22]

Erfolg ist nicht gleich Wahrnehmung von Erfolg

Das Beispiel Josef Ackermann lehrt: Erfolg ist nicht gleich Wahrnehmung von Erfolg. Kommunikation entscheidet darüber, wie der Vorstand und das Unternehmen wahrgenommen werden. Und diese Wahrnehmung kann und muss gemanagt und organisiert werden. Sonst ergeht es einem wie Ackermann: präsentiert Rekordergebnisse und erntet nur öffentliche Kritik. Wer auf eine eigene kommunikative Agenda verzichtet, riskiert das unternehmerische Scheitern – schlicht deshalb, weil er seine unternehmerischen Ziele nicht vermitteln kann. Eine strategisch geplante Kommunikation hält dem Vorstand hingegen den Rücken frei: Durch sie sichert er sich den erforderlichen Gestaltungsspielraum, um seine unternehmerischen Aufgaben und Ziele zu verwirklichen. Aus der Unternehmensagenda muss der CEO seine Kommunikationsagenda ableiten. Die Agenden stehen in einer Wechselwirkung und müssen fortwährend aufeinander abgestimmt werden. Es gilt, jeden Schritt der Unternehmensagenda auf seine kommunikative Relevanz hin abzuklopfen. Die kommunikative Agenda muss klare Ziele formulieren und sie muss einen roten Faden enthalten, der sich durch sämtliche Botschaften des CEO zieht. Damit verringert sich die Gefahr von Missverständnissen, und der unternehmerische Spielraum vergrößert sich.

Der Vorstand ist die Galionsfigur seines Unternehmens. Das ist nicht nur Folge unserer Mediengesellschaft, die – oftmals gnadenlos – auf Personalisierung setzt und diese vorantreibt. Auch die überwiegende Mehrheit der Stakeholder erwartet, dass der Unternehmensführer die Rolle des Kommunikators ernst nimmt. Die bereits zitierte Umfrage des Allensbach-Instituts bestätigt diesen Trend zur Personalisierung. Demnach konstatieren vor allem die Leiter Unternehmenskommunikation eine Fokussierung der Medienberichterstattung auf den CEO. Erstaunlich ist nur, dass sie dennoch keinen Anlass für einen Kurswechsel in der Unternehmenskommunikation sehen: 80 Prozent von ihnen sind der Meinung, dass trotz der teils mit erheblicher Schärfe geführten Kapitalismusdebatte keine Änderung der Kommunikationsagenda nötig sei. Damit unterschätzen sie jedoch, so die Folgerung des Allensbach-Instituts, »den gesellschaftspolitischen Rahmen, in dem CEO-Kommunikation heute stattfindet«. Die Konsequenz liegt auf der Hand: Die Personalisierung zwingt zu einer verstärkten Ausrichtung der Unternehmenskommunikation auf den CEO.

Ein Topmanager muss sich darüber im Klaren sein, dass jede seiner Handlungen eine kommunikative Wirkung hat. Alles, was er tut und sagt, ist Kommunikation, denn es wird wahrgenommen und interpretiert. Setzt der Protagonist selbst die Impulse, indem er seine unternehmerische Agenda in eine kommunikative Agenda übersetzt, kann er als Erster Lesehilfen zur Einordnung und Interpretation geben. Das funktioniert nie reibungslos, weil sich die Medienberichterstattung nur sehr bedingt steuern lässt. Dennoch lässt sich die Wahrnehmung beeinflussen. Wer zuerst seine Sicht der Dinge kommuniziert, der hat zumindest kurz- und mittelfristig die Interpretationshoheit. Diese Hoheit sollte sich auch ein CEO niemals aus der Hand nehmen lassen – das aber setzt eine genaue Bestimmung der kommunikativen Agenda voraus: Ausgangslage analysieren, Ziele festlegen, Prioritäten setzen, das klingt plausibel – fast banal. Doch ist dies keineswegs eine Selbstverständlichkeit. Im Gegenteil: Immer wieder lässt sich beobachten, wie Topmanager mit ihren unternehmerischen Zielen nicht vorankommen, weil ihr kommunikatives Wirken unklar bleibt. So erging es zum Beispiel Bernd Pischetsrieder am Beginn seines Engagements als Volkswagen-CEO.

Als Pischetsrieder im April 2002 die Geschicke des Volkswagen-Konzerns übernahm, war das keine leichte Aufgabe. »Ein schönes, schweres Erbe«, titelte *Die Zeit*, denn vor dem neuen Mann lag die Aufgabe, den Konzern neu zu strukturieren und das eingebrochene Konzernergebnis zu verbessern. Eine niedrige Produktivität im Vergleich zur Konkurrenz und ein unklares Verhältnis zwischen Dachkonzern und den einzelnen Marken waren zwei der gravierendsten Probleme auf dem Arbeitsplan des neuen VW-Chefs. Zudem war der Konzern in seinem Kernsegment, der Kompaktklasse mit ihren hohen Stückzahlen, unter Druck geraten. Der Golf, das meistverkaufte Auto der Welt, hatte an Marktpräsenz eingebüßt; die Konkurrenzmodelle aus Frankreich wurden vielfach als die kreativere Alternative wahrgenommen und hatten dem Zugpferd des Konzerns Marktanteile abgejagt.

Pischetsrieder entwickelte zügig seine unternehmerische Agenda. »Konzerninteresse vor Markeninteresse« rief er als Devise aus und kündigte einschneidende Reformen und eine Neuausrichtung des Konzerns an. Im Zentrum des neuen strategischen Kurses standen eine stärkere Zentralisierung und eine Spartenorganisation. Gleichzeitig wünschte er sich von seiner Führungsmannschaft weniger »Obrigkeitshörigkeit«, mehr Offenheit und Eigeninitiative. »Radikaler Umbau bei Volkswagen« titelte *Die Welt* ein halbes Jahr nach dem Amtsantritt des neuen CEO. Ein klares Programm, klare Aussagen – dennoch dauerte es fast zwei Jahre, bis Pischetsrieder sich als Erneuerer positionieren und seinen eigenen Stil durchsetzen konnte.

Der Grund lag in einer unklaren kommunikativen Strategie. Nach Piëch war Pischetsrieder nun schon der zweite Vorstand, der als »Sanierer« auftrat. Seine unternehmerische Agenda unterschied sich zwar klar von der seines Vorgängers, doch hatte Pischetsrieder es versäumt, sie in eine adäquate kommunikative Agenda zu übersetzen. Zum einen fehlte seiner Story das dramatische Motiv: Indem Pischetsrieder die Quartalszahlen als zweitbestes Ergebnis der Konzerngeschichte bezeichnete, nahm er den angekündigten Reformen ihre Dringlichkeit. Seine Äußerung »wenn das eine Krise ist, dann können wir gut damit leben«[23], konterkarierte seine Reformpläne – denn warum sollte man etwas ändern, wenn es so gut lief? Zum anderen setzte sich Pischetsrieder zwar inhaltlich, aber nicht kommunikativ von seinem Vorgänger ab. Was er vorhatte, erklärte er Shareholdern, Journalisten und der Volkswagen-internen Öffentlichkeit mit denselben Worten, die auch Piëch verwendet hatte. Sogar das zentrale Motiv war identisch. Doch die Sanierungs-Story, auf der schon Ferdinand Piëch seine Kommunikation aufgebaut hatte, war ausgereizt. Nicht zuletzt wurde der von Pischetsrieder bemühte Begriff der Zentralisierung mit der Ära seines autoritär agierenden Vorgängers assoziiert; es wurde nicht deutlich, dass der neue Chef etwas ganz anderes meinte: Ihm schwebte nicht ein autoritär ausgerichtetes Führungsregime vor, sondern er wollte die einzelnen Marken wieder stärker auf die Konzernmarke ausrichten. Pischetsrieders Führungsmodell hingegen baute gerade auf »mehr Eigenständigkeit« und wandte sich gegen autoritäre Strukturen. Sein Kommunikationsproblem war der lange Schatten des Ferdinand Piëch – seines Vorgängers im Amt, der als Aufsichtsratschef immer noch eine einflussreiche Position im Konzern bekleidete (siehe Kapitel 10).

Weil Pischetsrieder eine klare kommunikative Positionierung vernachlässigt hatte, fiel es ihm schwer zu vermitteln, dass unter seiner Ägide tatsächlich ein Strategiewechsel anstand. Damit überließ er die Interpretation seines unternehmerischen Wirkens anderen – Wettbewerbern, innerbetrieblichen Konkurrenten und den zahlreichen Interessengruppen.

Die Startschwierigkeiten von Bernd Pischetsrieder sind kein Einzelfall. Im Gegenteil, es lässt sich häufiger beobachten, dass neu angetretene Vorstände schnell klare Vorstellungen von ihren unternehmerischen Zielen entwickeln und klar vor Augen haben, wie sie vorgehen müssen, sich aber keinerlei Gedanken machen, wie ihr Wirken »draußen« ankommt. Vorstände kümmern sich intensiv um ihren Plan für das Unternehmen und seine Umsetzung, aber so gut wie gar nicht um die Organisation der Wahrnehmung ihres Wirkens – und das bedeutet: auch nicht um die Erfolgswahrnehmung. Doch, wie bereits gesagt, sind Erfolg und Erfolgswahrnehmung zweierlei. Wer das vergisst, der vergibt die Interpretationshoheit über seinen Erfolg oder Misserfolg. Er verzichtet darauf, Erfolgswahrnehmung zu organisieren, und überlässt die Beurteilung der eigenen Leistungen anderen.

Eine Agenda ist unverzichtbar

Eine sorgfältige Erarbeitung der Kommunikationsagenda ist unverzichtbar. Dieser Agenda-Setting-Prozess ist die Basis des Wahrnehmungsmanagements. Er erfordert eine genaue Analyse der Kommunikationslage, die Festlegung der Kommunikationsziele und die Entwicklung einer Story, die Definition der eigenen Rolle und die Festlegung der Bühnen, auf denen man agieren will. Schließlich gilt es, den Zusammenhang zwischen Unternehmensimage und eigener Persönlichkeit zu reflektieren.

Kommunikationslage analysieren

Der erste Schritt ist eine sorgfältige Analyse der Kommunikationslage: Vor welchen Herausforderungen stehen Vorstand und Unternehmen? Ein CEO, der eine umfassende Sanierung vorantreiben muss, ist mit anderen Aufgaben konfrontiert als ein Vorstand, der sein Unternehmen auf einen Börsengang vorbereitet, es in eine internationale Expansion führt, eine Neupositionierung oder einen Strategiewechsel anstrebt. Es liegt auf der Hand, dass ein Chef, der neu antritt in einem neuen Unternehmen, es mit anderen kommunikativen Herausforderungen zu tun hat als einer, der schon lange seinen Job macht. Die Kommunikationslage muss deshalb immer wieder neu betrachtet und analysiert werden: Nur wenn der Vorstand die Erwartungen und Bedürfnisse der verschiedenen Anspruchsgruppen kennt und ernst nimmt, kann er seine kommunikative Strategie definieren. Denn die Haltung der Stakeholder entscheidet über Bündnisse und Kooperationsmöglichkeiten – oder über Konfrontation und Konflikt. Neben externen Untersuchungen – wie beispielsweise Medienresonanzanalysen oder Marktforschungen – ist die Analyse der internen Ausgangslage unverzichtbar.

Dabei ist es ratsam, diese Analyse auf keinen Fall alleine vorzunehmen, sondern mit externer Unterstützung eine Exploration unter ausgewählten Führungskräften und Meinungsbildnern im Unternehmen durchzuführen. Auf diese Weise wird die notwendige Objektivität gewahrt, aber auch der Einblick von Menschen genutzt, die ein Gespür für Stimmungen in Organisationen haben. So gibt eine solche Exploration beispielsweise Aufschluss sowohl über Führungsmuster und Strategiewissen als auch darüber, wie die aktuelle Situation, die Entwicklung der letzten Jahre oder auch zentrale Akteure wahrgenommen werden. Solche Informationen sind gerade zu Beginn seiner Amtszeit für den Unternehmenslenker als Hintergrundwissen unverzichtbar. Ähnlich wie bei einem Puzzle fügen sich viele Einzelinformationen zu einem Gesamtbild und geben einen tieferen Einblick in den Zustand des Unternehmens.

Die kommunikativen Ziele definieren

Die Analyse der Ausgangslage bildet die Basis für die Planung der kommunikativen Ziele. Auch hier ist ein systematisches Vorgehen Pflicht. Die zentrale Frage lautet: Welche Wahrnehmung müssen wir bei welchen Interessensgruppen erzeugen? Wie wollen wir interpretiert werden, damit wir unsere Unternehmensziele störungsfrei erreichen? So definieren wir zugleich die kommunikativen Ziele. Festzulegen ist schließlich, welche kommunikativen Aufgaben tatsächlich Chefsache sind und welche nicht. Konkret: Was fällt in den Bereich der CEO-Kommunikation, was in den der allgemeinen Unternehmenskommunikation?

Nachdem die übergeordneten Ziele definiert sind, ist der nächste Schritt, den roten Faden für die »Story« zum Unternehmen und zum eigenen Auftrag zu formulieren. Es gilt, eine stimmige Geschichte zu entwickeln, die Auftrag und Mission in einem Zusammenhang erzählt und Mitarbeitern,

Shareholdern und der Öffentlichkeit überzeugende Bilder vermittelt, die zeigen, worauf es ankommt. Variationen zur Kernstory machen es möglich, ihr je nach Stakeholder eine neue, adäquate Akzentuierung zu geben. Das ist Feinarbeit: Welche Bilder und Motive der Unternehmensstory eignen sich für die Kommunikation mit welcher Zielgruppe?

Wie eine gelungene Zielfindung für die Kommunikationsagenda aussehen kann, lässt sich am Beispiel der RAG Aktiengesellschaft und ihrem Vorstandsvorsitzenden Werner Müller illustrieren. Bis 1996 firmierte die RAG als Ruhrkohle AG und hatte ihr Hauptgeschäftsfeld in der Förderung von Steinkohle. Aber noch Jahre später wurde die RAG unverändert als Bergwerkskonzern wahrgenommen – die Presse sprach nach wie vor von der »Ruhrkohle«. Im Sommer 2003 begann der Vorstand unter seinem neuen Vorsitzenden Werner Müller auch für Außenstehende wahrnehmbar, den »eigenartigsten Konzern Deutschlands« (so das *Handelsblatt*) mit seinen »barocken Strukturen« (so Werner Müller) zu einem modernen Unternehmen umzubauen. Das Ziel gab der neue CEO vor: die neue RAG zu einem »strotznormalen Konzern in der ersten Bundesliga der großen deutschen Konzerne«[24] zu machen. Das war eine klare unternehmerische Agenda, die gezielt auch kommunikativ umgesetzt wurde. Die frühere Ruhrkohle AG verkörperte das alte industrielle Ruhrgebiet, die neue RAG sollte an diese Identität anknüpfen und sie zeitgemäß transformieren. »Indem wir die Zukunft des Konzerns gestalten, übernehmen wir zugleich Verantwortung für die Zukunft des Ruhrgebiets«[25], proklamierte Werner Müller im ersten Responsibility Report der RAG aus dem Jahr 2004. Das Unternehmen engagierte sich vor allem im Kulturbereich, sponserte die Ruhrfestspiele und entwickelte sich auch zu einem bedeutenden Kultursponsor im Bereich der klassischen Musik; nicht zuletzt engagierte sich der Konzern auch stark für die Bewerbung Essens als Kulturhauptstadt Europas 2010. Diese Aktivitäten seien »Ausdruck unseres Selbstverständnisses, dort Werte zu schaffen, wo wir zu Hause sind«, schrieb Müller in seinem Grußwort zu den Ruhrfestspielen 2006.[26] Auch mit dem Anspruch, ein »strotznormaler Konzern« werden zu wollen (mittlerweile sogar als Slogan in ganzseitigen Zeitungsanzeigen verwendet), knüpft die RAG bewusst an die Mentalität und Ausdrucksweise der alten Industrieregion an und schafft so eine kommunikative Brücke zwischen der Agenda des Unternehmens und seiner regionalen Verankerung.

Eine ähnlich klar fokussierte kommunikative Umsetzung einer unternehmerischen Agenda gelang Hartmut Mehdorn, dem oft gescholtenen Vorstandsvorsitzenden der Deutschen Bahn: Als er 1999 die Führung der früheren Bundesbahn übernahm, hatte der Konzern bereits mehrere Sanierungsphasen hinter sich, ein durchschlagender Erfolg allerdings war ausgeblieben. Noch immer gab es zudem keine »Bahn aus einem Guss«. Die einzelnen Unternehmensbereiche Personenverkehr, Güterverkehr, Netz und Bahnhöfe verfolgten vor allem Teilinteressen, die dem Gesamterfolg des Unternehmens partiell zuwiderliefen. Mehdorns unternehmerische Agenda war schnell umrissen: Er musste das Unternehmen wieder stärker zentralisieren, die Sanierung konsequent zu Ende führen und die Privatisierung des einstigen Staatsbetriebes abschließen. Aus dem verschuldeten und defizitären Behördenkoloss einen profitablen Börsenkonzern zu bauen, ist der eigentliche Kern von Mehdorns unternehmerischem Programm. Dieses Ziel verfolgt er unbeirrbar, was ihm selbst seine Kritiker zugestehen. »Tatsächlich hat Mehdorn erreicht, dass es gegen einen Gang an den Kapitalmarkt nur noch wenig Widerstand gibt«, schrieb etwa *Die Welt*[27], wenngleich Form und Umfang der Privatisierung des Konzerns zwischenzeitlich wieder zur politischen Streitfrage avancierten. Das gelang dem Chef des DB-Konzerns mit einer kommunikativen Strategie, die ihm den Spitznamen »Rambo« und einen Dauerplatz als Schlusslicht des Manager-Barometers der *Financial Times Deutschland* eingetragen hat. Denn auf »seine« Bahn lässt Mehdorn nichts kommen – bei Kritik geht er sofort zum Gegenangriff über. Er legt sich mit allen an, die »nur auf der Bahn rumhauen, weil sie wieder mal in die Zeitung wollen«[28]. Das Ziel ist klar: Unabhängigkeit demonstrieren: »Wie kein Bahn-Chef vor ihm beansprucht Mehdorn Unabhängigkeit für das Mammutunternehmen mit seinen 225 000 Beschäftigten«, beschrieb *Die Welt* sein zentrales Handlungsmotiv.[29]

Nach außen Unabhängigkeit, Eigenständigkeit, ja Wehrhaftigkeit zu vermitteln, sind die zentralen Ziele seiner kommunikativen Agenda; nach innen, gegenüber Führungskräften und Mitarbeitern, stand dagegen die Sanierung im Vordergrund. Deshalb positionierte sich Mehdorn seinen Mitarbeitern gegenüber als Motivator, als Bahner, der am liebsten allen anderen Bahnern die Hand schütteln würde. Geschlossenheit nach innen, Verteidigung nach außen ist die Devise. Demonstration von Souveränität und Wehrhaftigkeit das Ziel. Die Botschaft: Wir lassen uns nicht reinreden!

Damit hat Mehdorn sich außerhalb des Unternehmens keine Freunde gemacht – aber erreicht, dass er voll und ganz mit der Bahn identifiziert wird. Er habe keinen Vornamen mehr, er heiße immer nur »Bahnchef Mehdorn«, frotzelte er gegenüber der *Süddeutschen Zeitung*.[30] Trotz aller öffentlichen Kritik waren seine Botschaften klar, stets war ein roter Faden in seiner Story zu erkennen – und nicht zuletzt ein unverwechselbares Profil, das ihm heute selbst seine schärfsten Kritiker nicht absprechen.

Gleichwohl ist Mehdorn auch ein Beispiel dafür, wie eine klare Positionierung überdehnt werden kann. Denn er läuft nicht selten Gefahr, seine Rolle zu überziehen – was wiederum von den Medien nur zu gerne aufgegriffen wird. So hat sich der DB-Konzernchef das Image des Terriers erworben, der jedem Kritiker sogleich an die Wade geht. Er gilt als ungerecht und nachtragend, als jemand, der in Sachen Bahn keinen Widerspruch duldet. Intern mag das gut ankommen, in der öffentlichen Wahrnehmung wird solches Verhalten als Rechthaberei und unverhohlene Aggressivität ausgelegt – als Eigenschaften also, die zum Chef eines der größten deutschen Konzerne, der zudem kurz vor dem möglichen Börsengang steht, nicht recht passen wollen. Diese Wahrnehmung findet sich in beinahe jedem Pressebericht über ihn, und nicht selten überlagert sie sogar seine strategische Positionierung. Hartmut Mehdorn erscheint dann als einer, der hinlangt und austeilt – warum er dies tut, geht aber bisweilen unter.

Die eigene Rolle definieren

Eine spezifische und eindeutige Rollendefinition ist ein wichtiges Mittel, um sich in der von Informationen überfluteten Mediengesellschaft Gehör zu verschaffen. Damit ist nicht die im ersten Kapitel angesprochene Rolle des Kommunikators gemeint, sondern eine Managerrolle im engeren Sinne: ein Managertypus, dem der Vorstand in den Augen der internen und externen Öffentlichkeit entsprechen möchte. Wofür will er stehen im Unternehmen, in der Branche, im Markt? Was will er erreichen, und welches Rollenbild verkörpert dies am besten? Eine solche Rollendefinition verschafft ein eigenes Profil und hilft dem CEO, sich von anderen Personen in seinem Umfeld abzuheben: von seinem Vorgänger, von anderen Mitgliedern des Unternehmensvorstands, vom Aufsichtsratsvorsitzenden, von anderen Führ_spersönlichkeiten der Wirtschaft, mit denen er sich im Wettbewerb sieht. Rolle meint: Auftreten, Symbolik, Gestik, Sprache und Mimik müssen unverwechselbar sein, ein eigenes Profil zeigen, die Arbeit muss eine eigene Handschrift erkennen lassen. Eine spezifische Rolle zu definieren ist auch deshalb so wichtig, weil Manager von Mitarbeitern und Öffentlichkeit beinahe als »geklonte Wesen« wahrgenommen werden. Zu uniform ist ihr Auftreten – von den zum Verwechseln ähnlichen grauen Maßanzügen bis hin zu den immer gleichen Begriffsfloskeln aus der PowerPoint-Sprache. Die wachsende Uniformität der Topmanager belegt auch eine Ende 2004 von der PR-Agentur Burson-Marsteller durchgeführte Umfrage. Danach hinterließ nicht einmal jeder zweite Vorstandsvorsitzende der DAX-30-Unternehmen ein klares Bild in der Öffentlichkeit. Nur jeder Vierte unterschied sich mehr oder weniger deutlich von seinen CEO-Kollegen.[31]

Bei der Festlegung der eigenen Managerrolle ist es hilfreich, neutral und ohne Ressentiments Auftreten und Verhalten des Vorgängers zu analysieren: Wie gab und wie kleidete er sich? Wie kommunizierte er, welches Vokabular verwendete er? Benutzte er Begriffe, die besonders positiv oder besonders negativ besetzt sind? Welche Symbolik war für ihn typisch, welche Gestik? Welchen Auftrag hatte er? Diese Analyse gibt Aufschluss, inwiefern man sich von seinem Vorgänger unterscheiden muss, um die eigene Unternehmensagenda wahrnehmbar zu machen. Diese Aufgabe erfordert Ehrlichkeit im Umgang mit sich selbst und ist alleine kaum zu bewältigen. Deshalb sollte man sich von einem Vertrauten begleiten lassen, der über Menschenkenntnis und Erfahrung verfügt, aber gegenüber der eigenen Person neutral ist. Ebenso systematisch hebt man die eigene Rolle vom Aufsichtsratsvorsitzenden und anderen Mitgliedern des Vorstands ab. Falsch wäre es, einen harten Bruch mit der eigenen Vergangenheit zu inszenieren: Jeder Vorstand hat bereits einen längeren Karriereweg hinter sich, und Mitarbeiter, Shareholder und Öffentlichkeit haben sich schon ein Bild des neuen Chefs gemacht. Die Aufgabe besteht darin, eine Rolle in einem gegebenen Zusammenhang zu finden, nicht eine neue Rolle zu erfinden. Ein Kunstwesen, das in einem Theaterkostüm steckt, wird schnell entlarvt.

Aber allein eine Rolle zu definieren reicht nicht – der Vorstand muss in ihr auch authentisch sein. Und sie muss zum Unternehmen passen. DB-Konzernchef Mehdorn statt Ackermann an der Spitze der Deutschen Bank – ohne Rollenwechsel wäre das undenkbar, ein solch grundlegender Wandel der Rolle wiederum nicht glaubwürdig. Welche Rolle der CEO spielt, hängt nicht allein von seiner Persönlichkeit ab, sondern auch von der Rollenverteilung im Management-Board: Wo bringt der CEO die anderen Vorstände in Stellung? Wer macht was? Wer steht wofür?

Nicht zuletzt muss eine Rolle ständig neu reflektiert und überprüft werden. Sie muss authentisch sein, zum Unternehmen und seiner Lage passen und in der Öffentlichkeit als stimmig wahrgenommen werden. Andernfalls sind Korrekturen angebracht. Das gilt besonders auch für charismatische Persönlichkeiten – auch wenn gerade sie dies oftmals nicht für erforderlich halten. Weil es ihnen leicht fällt, andere zu überzeugen und für die eigenen Ideen einzunehmen, entwickeln sie nicht selten ein übersteigertes Selbstbewusstsein, das egozentrische Züge annehmen kann. Solche Managerpersönlichkeiten neigen zu kommunikativen Alleingängen, die nicht selten strategische Ziele konterkarieren. Ihre Fähigkeit zur Selbstreflexion ist wenig ausgeprägt.

Eines der prominentesten Opfer einer völlig ungetrübten Eigenwahrnehmung ist der einstige französische Spitzenmanager Jean-Marie Messier: Als CEO des Medienkonzerns Vivendi Universal war er lange Zeit Hätschelkind der Journalisten und liebte es, Hauptversammlungen zu pompösen Inszenierungen seiner Person umzugestalten. Doch gerade sein Showtalent wurde ihm schließlich zum Verhängnis – am Ende zieh man ihn des Größenwahns, und er musste das Feld räumen. Messier fühlte sich stets zu Höherem berufen. Als er 1996 CEO des Versorgungsunternehmens Générale des Eaux wurde, war ihm das schon bald nicht mehr genug. »Messier fand Abwässer und Müllabfuhr nicht gerade sexy«, schrieb *Die Zeit* in einem Porträt.[32] Messier träumte von einem großen, integrierten Konzern. »Messier war so damit beschäftigt, das große Rad zu drehen, dass er den Sinn für die einfachsten wirtschaftlichen Zusammenhänge verlor.« Zum Beispiel dafür, was Wasser und Reinigung mit Telefon, Film und Musik zu tun haben. Denn diese Sparten packte der Konzernlenker durch milliardenschwere Zukäufe unter ein Konzerndach. »Während er sich wie Napoleon auf Eroberungszug benahm, sah er nicht, dass sein Haushalt nicht mehr geführt wurde«[33], urteilte später ein Großaktionär von Vivendi Universal rückblickend. Kein Wunder, denn Messier verfing sich mehr und mehr in einer Scheinwelt, in der er die Rolle eines modernen Sonnenkönigs spielte. So ließ er sich für eine Zeitschrift in königlicher Pose, aber mit löchrigen Strümpfen auf dem Bett sitzend ablichten. Sein Hang zur Selbstüberschätzung und seine Überzeugung, stets das Richtige zu tun, trugen kindliche Züge, hieß es hinter vorgehaltener Hand über Messier, der von dem Plan getrieben war, den größten Medienkonzern der Welt zu schmieden. Als das Unternehmen Rekordverluste schrieb, verlor Messier die Rückendeckung seiner Aktionäre und musste im Sommer 2002 seinen Hut nehmen. Noch nach seinem Abgang machte der einstige Medienliebling andere für seinen Sturz verantwortlich.

Messier ist ein extremes Beispiel, doch der Hang zur Selbstüberschätzung ist vielen Managern eigen. Ihm kann man nur entgegenwirken, indem man das eigene Handeln ständig reflektiert, Kritik nicht nur zulässt, sondern fördert und seine Kommunikation eben nicht aus dem Stegreif gestaltet, sondern systematisch plant. Dazu gehört auch – und das ist der nächste Schritt – eine Bestimmung der Bühnen, auf denen man sich bewegen will.

Die Bühnen definieren

Öffentliche Kommunikation spielt sich auf Bühnen ab. Zu einer Bühne gehört eine bestimmte Kulisse, gehören Kostüme, ein Stück, eine Handlung. Eine Bühne ist also ein in sich stimmiger Kommunikationsraum, der darauf angelegt ist, beim Publikum eine bestimmte Wirkung zu erzielen. Darum geht es: einen kommunikativen Auftritt so zu gestalten, dass er die erwünschte Wirkung erzielt. Nun kann man natürlich Kommunikationssituationen nicht so inszenieren wie ein Theaterregisseur eine Aufführung. Doch kann das Bild der Bühne den Blick dafür schärfen, dass öffentliche Auftritte kommunikative Situationen sind, in die man nicht hineinstolpern, sondern die man planen und inszenieren sollte – integriert und geprobt (»Corporate Speaking«). Das beginnt schon bei der Auswahl der richtigen Auftrittsszenarien. Manche Bühnen, auf denen man sich als Chef bewegt, kann man selbst definieren, andere nicht. Das Unternehmen oder die Institution, für die ein Spitzenmanager steht, setzt Rahmenbedingungen, denen man Rechnung tragen muss. Hier muss die Analyse ansetzen: Auf welcher Bühne stehe ich? Vor welchem Publikum spiele ich? Wie nutze ich vorhandene Bühnen am besten?

Oder bin ich vielleicht im berühmten falschen Stück? Wenn Florian

Gerster sich diese Frage rechtzeitig gestellt hätte, wäre er vielleicht noch im Amt. Als Gerster zum Vorstandsvorsitzenden der damaligen Bundesanstalt für Arbeit berufen wurde, hatte er den Auftrag, aus der schwerfälligen Behörde mit über 100 000 Mitarbeitern eine moderne Dienstleistungsagentur zu machen. Eine Behörde und ein Unternehmen kann man als unterschiedliche Bühnen begreifen, auf denen unterschiedliche Handlungslogiken gelten. Und Florian Gerster meinte, er hätte mit dem begonnenen Umbau der Bundesanstalt für Arbeit den Bühnenwechsel bereits vollzogen – zu früh, wie sich zeigen sollte: Er handelte wie ein Unternehmer in seinem eigenen Betrieb, wie der CEO eines Großunternehmens – wurde aber immer noch als Leiter einer öffentlichen Behörde wahrgenommen. Daher zogen Ausgaben, die in einem Unternehmen dieser Größenordnung kaum Aufsehen erregt hätten, harsche öffentliche Kritik nach sich. Ganz unabhängig von seiner Sachkompetenz sorgte sein Verhalten mehrfach für Empörung bei Beschäftigten und Öffentlichkeit.

So hatte Gerster bei einem Beratungsunternehmen eine Kampagne zur Verbesserung des Images der neuen Bundesagentur für Arbeit in Auftrag gegeben. Auf Kritik stießen auch die als unzeitgemäß aufwändig empfundene Renovierung seines Büros und die Tatsache, dass er einen persönlichen Fuhrpark mit drei Dienstwagen unterhielt. Hinzu kam, dass Gerster, statt sich eine Wohnung in Nürnberg zu nehmen, in einem Nobelhotel residierte. In allen drei Fällen ging es nur vordergründig um die Aufwendungen, eigentlich aber um den Stil. Gersters Ausgabenverhalten fiel in eine Zeit, in der die Arbeitslosenzahlen stetig anstiegen. Und er baute kein Unternehmen auf, sondern eine öffentliche Einrichtung, die zur Bekämpfung und zum Management von Arbeitslosigkeit gedacht war. Gerster hatte sich in der Bühne getäuscht und agierte im falschen Stück. Sein Auftritt entsprach nicht seiner eigentlichen Rolle – er war unpassend. »Gerster hätte begreifen müssen«, urteilte *Die Zeit*, »dass sich ein Chef dieser Behörde unweigerlich auf moralisch vermintes Gelände begibt. Denn die Nürnberger Behörde ist ein in Beton gegossenes Spiegelbild des deutschen Massenproblems Arbeitslosigkeit«.[34] Nicht zuletzt hatte der Erneuerer wohl unterschätzt, dass er sich mit seinem forschen Vorgehen gegen Beamten- und Funktionärsdünkel in den Tiefen der Bürokratie eine Menge Feinde gemacht hatte. Für die Opposition war das wiederum ein gefundenes Fressen, und Gerster geriet in die Mühlen der politischen Skandalisierung. Am Ende fand Gerster im Verwaltungsrat fast keine Unterstützung mehr und musste abtreten. Seine fachliche Arbeit wurde nicht in Zweifel gezogen, sein Stil jedoch machte ihn untragbar.

Das Beispiel zeigt, wie wichtig es ist, sich vor Augen zu halten, welche Rahmenbedingungen die Bühne aufweist, auf der ein CEO agiert. Auch wenn er auf diese Rahmenbedingungen keinen Einfluss nehmen kann, sollte er sie tunlichst im Auge behalten und in seine Handlungen einbeziehen. Gleichzeitig eröffnen sich aber andere Bühnen, bei denen er selbst bestimmen kann, für welche Anlässe er sie nutzen will und wo er seine Zielgruppen mit seiner Botschaft erreicht. Die Fragen lauten: Welche bestehenden Plattformen muss ich nutzen, weil sie institutionalisiert sind, welche will ich aus freien Stücken nutzen? Welche Bühnen hat der Vorgänger für sich genutzt? Will ich ihm folgen, oder ist es ratsam, auf andere Bühnen auszuweichen? Freilich muss man auch abschätzen, welche Folgen es hat, wenn man bestimmte Plattformen nicht nutzt. So trug es dem ehemaligen Bundestrainer Jürgen Klinsmann im Vorfeld der Fußball-Weltmeisterschaft 2006 herbe Kritik ein, dass er nicht zu einem offiziellen Treffen der Mannschaftstrainer nach Deutschland gekommen war. Klinsmann hatte nicht bedacht, dass bei einem solchen Zusammentreffen dem Trainer der gastgebenden Mannschaft eine wichtige repräsentative Rolle zukommt. Ähnliche Repräsentationsfragen stellen sich auch in Unternehmen: Ist es ratsam, die Führungskräftetagung oder die Betriebsversammlung dem Personalvorstand zu überlassen? Sind Betriebsjubiläen nur etwas für die zweite oder dritte Managementebene? Ist der Vorstand bei Mitarbeiterveranstaltungen fehl am Platz? Schmückt man sich lieber mit der Nähe der globalen Managementelite in Davos? Allein die Entscheidung, dass ein Topmanager eine bestimmte Plattform nutzt, ist eine symbolische Handlung von möglicherweise weit reichenden Folgen.

Den Zusammenhang zwischen Unternehmensimage und eigener Persönlichkeit reflektieren

Wer als Chef neu in ein Unternehmen kommt, der findet sich in einem Koordinatensystem wieder, das nur zum Teil von seinen eigenen Eckdaten bestimmt ist. Seiner Persönlichkeit, die stark von seiner beruflichen Vergangenheit geprägt ist, seinen Erwartungen an die neue Aufgabe und seinen Zielen, die er sich dafür gesetzt hat, steht das Unternehmen mit seiner Geschichte, seinem Mikrokosmos der unterschiedlichen Stakeholder und den Ansprüchen und Erwartungen der Shareholder an die Unternehmensspitze gegenüber. Im Idealfall ergänzen sich Unternehmensimage und das Image des CEO. Die Regel wird jedoch nicht vollständige Harmonie sein, sondern es wird Reibungen, vielleicht sogar Konflikte geben. Umso wichtiger ist es, den Zusammenhang zwischen Unternehmensimage und eigener Persönlichkeit ständig zu reflektieren und sich deutlich zu machen, wo Konfliktpunkte liegen und wo Harmonie herrscht. Dies gilt nicht nur für CEOs zu Beginn ihres Engagements. Regelmäßige Reflexion ist erforderlich, denn nur dann entsteht ein stimmiges Gesamtbild, wenn die herausgehobene Persönlichkeit eines Topmanagers und das Unternehmen zusammenpassen. Reibungspunkte zwischen Vorstands- und Unternehmensimage sind zudem für die Medien willkommene Angriffspunkte, um Konflikte und Unstimmigkeiten herauszuarbeiten.

Das Unternehmen, bei dem nach öffentlicher Wahrnehmung Vorstandsvorsitzender und Unternehmensimage aufs Beste miteinander zu korrelieren scheinen, heißt Porsche. Der Vorstandsvorsitzende Wendelin Wiedeking gilt als die Inkarnation des Sportwagenherstellers aus Stuttgart-Zuffenhausen: höchste (Management-)Qualität, Eigenwilligkeit, Selbstbewusstsein, gute Erdung beziehungsweise Straßenlage, immer bereit, es anders zu machen als die meisten anderen seiner Kollegen. »Porsche ist nun einmal Wiedeking. Und niemand anderes«, konstatiert die *Frankfurter Allgemeine Sonntagszeitung* in einem Portrait über den Porsche-CEO.[35] Wenn der Vorstandsvorsitzende gegen Großkonzerne stichele, wenn er gegen Banken als risikoscheue Regenschirmverleiher wettere, wenn er sich weigere, Quartalsberichte zu veröffentlichen, und deswegen aus dem M-DAX fliege – stets »hilft das der Profilierung der Autos: Porsche – ein David, der die Großen das Fürchten lehrt.«

Ende Juni 2005 sorgte Wiedeking für Aufsehen, als er in Anwesenheit von Bundeskanzler Gerhard Schröder auf einer Porsche-Betriebsversammlung – gegen jeden Trend der Automobilbranche – eine Garantie für den Erhalt aller Arbeitsplätze in Zuffenhausen bis zum Jahr 2010 verkündete. Die *Frankfurter Allgemeine Sonntagszeitung* erblickte darin ein strategisches Kalkül: »Die Marke Wiedeking wird so positioniert, dass die ›soziale Akzeptanz‹ von Porsche gestärkt wird. Wer ein paar zehntausend Euro für ein paar hundert PS ausgibt, der möchte dafür von den Nachbarn bewundert und nicht als Raffke angeschaut werden – auch deshalb Wiedekings gelegentliche Ausflüge in die linke Ecke.«

Know your negatives!

Nicht zuletzt gilt das wichtigste Prinzip aus dem US-amerikanischen Wahlkampf auch für CEOs: Know your negatives! Sprich: Ein Unternehmensleiter sollte nie vergessen, welche Details aus der eigenen Biografie sich Gegner zunutze machen könnten. Politische Altlasten, komplizierte Familienverhältnisse oder längst überwundene gesundheitliche Probleme sind oftmals willkommene Ansatzpunkte für Kampagnen. Je prominenter ein Unternehmenslenker ist, desto wichtiger ist es, die Gesetze des Boulevards zu kennen – und sich mit entsprechenden Gegenstrategien zu wappnen.

Ein CEO sollte sich also mit einer ihm vertrauten Person zusammensetzen und alle Stationen seines Lebens Revue passieren lassen, immer mit Blick auf die Fragen: Was kann für die Zukunft kommunikativ genutzt werden? Wo lassen sich biografische Rückbezüge herstellen, welche die Glaubwürdigkeit unterstützen? Gibt es Schwachstellen, die an die Öffentlichkeit gelangen könnten? Wenn ja, wie kann dem begegnet werden? Manchmal ist es sogar angesagt, eine Vorwärtsstrategie anzuwenden. Wer von sich aus eingesteht, was eines Tages sowieso ans Tageslicht käme, gewinnt im Zweifel sogar Sympathien – man erinnere sich an das Outing des Berliner Oberbürgermeisters Klaus Wowereit.

Auch das ein Beispiel für ein gelungenes kommunikatives Vorgehen, wie es Ziel des in diesem Kapitel umrissenen Agenda-Setting-Prozesses ist. Dieser bildet die Basis des Wahrnehmungsmanagements. Hierbei geht es jedoch nicht um eine vordergründige Imagekampagne oder Imagekorrektur. Ziel ist nicht PR-Arbeit. Sondern es geht um die Organisation von Wahrnehmung. Man kann auch sagen: Es geht darum, eine Wahrnehmung für die Wahrnehmung zu entwickeln und dies strategisch umzusetzen. Ziel ist das Management von Erwartungshaltungen. Das erfordert zwar Zeit, die aber gut investiert ist. Denn später Probleme auszubügeln, die durch einen fehlenden Kommunikationsplan entstanden sind, kostet meist ein Mehrfaches an Zeit. Das ist das Thema des nächsten Kapitels.

Anmerkungen

1 zit. n. Obertreis, R.: »Wer viel bewegt, macht auch Fehler«, in: *Stuttgarter Nachrichten*, 20.01.2006

2 o.V.: »Unwort des Jahres 1994«, http://www.unwortdesjahres.org/1994.htm

3 Thomsen, F.: »Halbgott Joe«, in: *Stern*, Nr. 22, 19.05.2004

4 Reitz, U./Wulff, M.: »V wie Verlierer«, in: *Welt am Sonntag*, 25.01.2004

5 zit. n. Brost, M.: »Die erstaunliche Trotzhaltung der Staatsanwälte«, in: *Die Zeit*, Nr. 29/2004

6 zit. n. Maisch, M.: »Das Einlenken«, in: *Handelsblatt*, 06.02.2004

7 Eigendorf, J./Struve, A.: »Offensive der Populisten«, in: *Die Welt*, 09.02.2005

8 Bundesagentur für Arbeit: »Die Entwicklung des Arbeitsmarktes im Januar 2005«, Presseinfo 009, 02.02.2005

9 Ackermann, Dr. J.: »Rede anlässlich der Jahres-Pressekonferenz der Deutschen Bank«, 03.02.2005

10 Steltzner, H.: »Am Pranger«, in: *Frankfurter Allgemeine Zeitung*, 12.02.2005

11 zit. n. Nolmans 2006, S.219

12 zit. n. Eigendorf, J./Struve, A.: »Offensive der Populisten«, in: *Die Welt*, 09.02.2005

13 zit. n. o.V.: »Aktionäre kritisieren Öffentlichkeitsarbeit der Deutschen Bank«, in: *Frankfurter Allgemeine Zeitung*, 19.05.2005

14 Bartz, T.: »Ackermann auf Schmusekurs«, *Financial Times Deutschland online*, 02.02.2006 http://www.ftd.de/meinung/kommentare/44024.html

15 Nolmans 2006, S.205

16 Bergmann, J.: »Die Stimmen des Herrn«, in: *brand eins*, Nr. 06/2005, S.66-70, hier S.68

17 Brost, M.: »Mensch, Ackermann«, in: *Die Zeit*, Nr. 52/2005

18 Nolmans 2006, S.213

19 Nolmans 2006, S.222

20 Nolmans 2006, S.219f.

21 Clausen, S.: »Josef Ackermann: Von dem kann man nur lernen«, *Financial Times Deutschland online*, 03.02.2006 http://www.ftd.de/karriere_management/koepfe/44108.html

22 vgl. Nolmans 2006, S.221

23 zit. n. Aust, S./Haswranek, D./Mahler, A.: »Spiegel Gespräch: ›VW muss wetterfester werden‹«, in: *Spiegel*, Nr. 40, 30.09.2002, S.163

24 Noé, M.: »Der politische Unternehmer«, in: *Handelsblatt*, 16.12.2003

25 RAG Aktiengesellschaft: »Responsibility Report 2004 – Weiter gestalten«, Essen 2004

26 Ruhrfestspiele: Grußwort Werner Müller, http://www.ruhrfestspiele.de/seite. php?PAGE=text_stuecke/grusswort.html

27 Gärtner, C.: »Die Bahn ist er«, in: *Die Welt*, 29.11.2005

28 zit. n. Fleming, B.: »Rambo spielt Eisenbahn«, in: *Stern*, Nr. 16, 07.04.2004

29 Gärtner, C.: »Die Bahn ist er«, in: *Die Welt*, 29.11.2005

30 zit. n. Büschemann, K.-H.: »Der Mann namens Bahnchef«, in: *Süddeutsche Zeitung*, 01.12.2005

31 Burson-Marsteller: »DAX 30 Vorstandschefs fehlt klares Profil«, Pressemitteilung vom 08.11.2004

32 Benyahia-Kouider, O.: »Napoleon in Hollywood«, in: *Die Zeit*, Nr. 26/2002

33 zit. n. ebd.

34 Willeke, S.: »Der Konzernlenker«, in: *Die Zeit*, Nr. 30/2003

35 Meck, G.: »Im Porträt: Wendelin Wiedeking – Der Neunmalkluge«, in: *Frankfurter Allgemeine Sonntagszeitung*, 26.06.2005

Kapitel 3

Ohne Plan keine Zeit

Eine bewusst organisierte Wahrnehmung ist das Ergebnis
von Planung. Nimmt der CEO diesen Prozess ernst,
gewinnt er an Steuerungshoheit. Und an Zeit.

Das Undenkbare geschah am 9. Mai 2005. Zum ersten Mal in der deutschen Wirtschaftsgeschichte stürzten Shareholder vor den Augen der Öffentlichkeit den Chef eines großen deutschen börsennotierten Unternehmens. Werner Seifert, Vorstandsvorsitzender des DAX-Konzerns Deutsche Börse AG musste gehen, weil seine Unternehmenspolitik auf den Widerstand einer Gruppe internationaler Finanzinvestoren gestoßen war. Unterstützt von seinem Aufsichtsratsvorsitzenden Rolf E. Breuer hatte Seifert die Übernahme der Londoner Traditionsbörse, der London Stock Exchange (LSE), betrieben. Sein Ziel: Die Vereinheitlichung der europäischen Finanzmärkte voranzubringen. Die Pläne waren weit gediehen, als sich einige Hedge-Fonds um den Londoner Finanzmanager Christopher Hohn zunächst in die Deutsche Börse einkauften, dann die geplante Übernahme vereitelten, stattdessen erhöhte Gewinnausschüttungen an die Aktionäre durchsetzten und schließlich den Abgang von CEO Seifert und Aufsichtsratchef Breuer erzwangen. Laut Werner Seifert, der seine Version ein Jahr nach dem geplatzten Deal in Buchform veröffentlicht hat, ein anschaulicher Beleg, »wie eine kleine Gruppe entschlossener Investoren die Unternehmensstrategie zum eigenen, kurzfristigen Vorteil grundlegend verändern kann, ohne über die Mehrheit der Anteile zu verfügen«. Das habe »den Kapitalismus in Europa verändert«, meint Seifert.[1]

Eine historische Zäsur sah auch das *manager magazin* – allerdings in anderer Hinsicht. Dieser 9. Mai 2005 markiere »das endgültige Ende der Deutschland AG, jenem saturierten Netzwerk aus egozentrischen Vorstandsvorsitzenden und ihren häufig wegschauenden unfähigen Kontrolleuren«, kommentierte das Magazin den Vorgang.[2] Auf der Hauptversammlung drei Wochen später machte sich dann die Kritik der Aktionäre

Luft: Das Gespann Seifert/Breuer, kritisierte Klaus Nieding, Geschäftsführer der Deutschen Schutzvereinigung für Wertpapierbesitz, stellvertretend für viele Anteilseigner, sei an seiner »mangelhaften, um nicht zu sagen katastrophalen Kommunikation gescheitert«.[3]

In der Tat: Zunächst hatten Seifert und Breuer ihren Widerpart Christopher Hohn gegen sich aufgebracht, als sie unmittelbar nach einer Verhandlungsrunde mit einer vorbereiteten Erklärung an die Presse gegangen waren. Hohn fühlte sich nach dem persönlichen Gespräch hintergangen. Den eigentlichen Affront löste aber Rolf E. Breuer in einem Fernsehinterview im März 2005 aus, kurz nachdem die Deutsche Börse auf Druck der Hedge-Fonds ihr Kaufangebot zurückgezogen hatte. Breuer verurteilte gegenüber dem Fernsehsender das Verhalten der rebellischen Shareholder und sagte, so Seifert in seinen Erinnerungen, »dass die Deutsche Börse womöglich zu einem späteren Zeitpunkt noch einmal ein Kaufangebot für die LSE abgeben würde«.[4] Das kam einer Auflehnung gegen den erklärten Wunsch des Shareholders gleich und heizte den Konflikt erneut an. Wenig später forderten die Fondsmanager den Kopf des CEO und den seines Aufsichtsratsvorsitzenden. Kommunikativ war das ein Debakel. Weder die Presseerklärung noch Breuers Interview hatten irgendetwas dazu beigetragen, die Position der Deutschen Börse zu stärken. Im Gegenteil: Sie heizten den Konflikt an, gaben dem Gegenpart die Möglichkeit, die Auseinandersetzung zu einem Fundamentalkonflikt zwischen angelsächsischer und deutscher Corporate Governance zu stilisieren.

Von diesem Kommunikationsdesaster abgesehen, markiert der Sturz der Repräsentanten der Deutschen Börse AG tatsächlich so etwas wie das Ende der »Deutschland AG«. Internationale Finanzinvestoren sorgen für eine schärfere Gangart; der Shareholder-Value fordert seinen Tribut vom Management; nun zählt vor allem die Performance.

Das brachte eine im Mai 2005 veröffentlichte CEO-Studie der Managementberatung Booz Allen Hamilton an den Tag. Demnach wurde im Jahr 2004 weltweit jeder siebte CEO ausgetauscht. Dieser Wert ist binnen zehn Jahren um 70 Prozent gestiegen. Jeder fünfte Wechsel an der Spitze eines deutschen Großunternehmens wurde vorzeitig erzwungen – so viel wie nie zuvor. Im »Alten Europa« geht es dabei mindestens so hart zu wie in anderen Regionen: Im asiatisch-pazifischen Raum – mit Ausnahme von Japan – sind Aufsichtsräte und Shareholder nur wenig ungeduldiger als auf unserem Kontinent. Die Wahrscheinlichkeit, vorzeitig den Stuhl vor die Tür gesetzt zu bekommen, war in der alten Welt sogar fast doppelt so hoch wie in nordamerikanischen Unternehmen. Der häufigste Grund für ein frühes Ende der Beziehungen zwischen Spitzenmanager und Unternehmen ist die mangelnde Performance. Werden die Erwartungen der Aufsichtsräte nicht erfüllt, dürfen sich europäische Topmanager im Schnitt nach zweieinhalb Jahren wieder nach einem neuen Job umsehen. »Mehr denn je stehen die Topmanager unter Beobachtung der Börse. Seilschaften und Freunde im Aufsichtsrat garantieren nicht mehr, dass Unternehmenslenker gemächlich ihre Visionen verfolgen können«, kommentiert auch der *Rheinische Merkur* das Ende der Deutschland AG. »Bei 24 der 30 DAX-Konzerne hat seit dem Jahr 2000 ein Neuer auf dem Chefsessel Platz genommen.«[5] Und das *Handelsblatt* notierte unter der Headline »Chefsessel wird zum Schleudersitz«: »Es gab Zeiten, da waren Vorstandsvorsitzende auf Lebenszeit engagiert und mussten selbst bei schweren Fehlern nicht umgehend ihren Posten räumen. Das war einmal. Der Druck von Aufsichtsräten und Investoren auf die Spitzenmanager ist in den vergangenen Jahren rasant gewachsen, ihre Leistung wird wesentlich kritischer beäugt. Mit der Folge, dass die Stühle der Vorstandschefs und Chief Executive Officer heute so wacklig sind wie nie zuvor.«[6]

Ohne Zweifel, es ist hektisch geworden in den Chefetagen. Was zählt, ist Leistung, und die Zeit, die Topmanagern bleibt, um sich zu bewähren, schrumpft. Wer heute eine Spitzenposition antritt, hat nicht viele Versuche frei und muss seine Kräfte möglichst fokussieren. Damit gewinnt eine umsichtige – und vor allem rechtzeitige – kommunikative Planung an Gewicht. Wer diese Aufgabe vernachlässigt, läuft Gefahr, vor Problemen zu stehen, deren Lösung Zeit und Kraft rauben und die – bei vorausschauender Planung – vielleicht gar nicht aufgetaucht wären. Wer also die Kommunikation mit der Öffentlichkeit nicht dem Gang der Dinge überlässt, gewinnt wertvolle Spielräume für die Durchsetzung seiner unternehmerischen Agenda und behält auch in Krisenzeiten die kommunikative Hoheit. Vordergründig stehen dem zunehmende Hektik und mangelnde Zeit entgegen. Doch ist das letztlich am falschen Ende gespart. Denn die Zeit, die es anfangs kostet, um einen klaren Kommunikationsplan aufzusetzen, ist gut investiert, weil dies später Probleme vermeidet. Oder anders gesagt: Kümmert sich der CEO zu Beginn nicht – ausgehend von einer kommunikativen

Agenda – um eine strategische Kommunikationsplanung, spart er zwar zunächst Zeit, vielleicht auch Geld, doch wird er später unter Umständen ein Mehrfaches davon investieren müssen, um Probleme in den Griff zu bekommen, die mit sorgfältiger Planung gar nicht aufgetreten wären.

Der Druck wächst

Von Anfang an alles richtig machen, nur keinen Fehler begehen, steht wie ein unsichtbares Ausrufezeichen über dem Amtsantritt eines CEO. Für zusätzlichen Druck sorgt die Presse, die den Wechsel auf der Kommandobrücke umso aufmerksamer verfolgt, je größer und bedeutender das Unternehmen ist.

Das bekam auch Jürgen Schrempp zu spüren, der als Vorstandsvorsitzender der damaligen Daimler-Benz AG einen bemerkenswerten Fehlstart hinlegte. Zunächst die Sache auf der Spanischen Treppe in Rom: Ein frischgebackener CEO, der mit Mitarbeitern und einer Flasche Rotwein seinen Erfolg feiert und sich dann noch mit einem Polizisten anlegt – das hatte das Zeug zu einem international beachteten Skandal.[7] Kaum besser erging es Schrempp bei seinen ersten Medienkontakten in seiner neuen Funktion. Zunächst bedeutete er einem Journalisten, dass er für Daimler wichtiger sei als Daimler für ihn, dann äußerte er sich vor einer Runde holländischer Journalisten abfällig über den damals zum Konzern gehörenden Flugzeugbauer Fokker, der in den Niederlanden den Status einer nationalen Industrie-Ikone genießt.[8] Beides wurde ihm als Arroganz erster Güte ausgelegt.

Schrempp gelang es erst mit einer gut inszenierten Hauptversammlung die Wahrnehmung zu drehen. Es war die erste Hauptversammlung unter seiner Ägide, und sie stand keineswegs unter einem guten Stern. Beobachter erwarteten eine hitzige Atmosphäre, denn schon im Vorjahr hatte der Aufsichtsratsvorsitzende einen renitenten Aktionärsvertreter aus dem Saal tragen lassen. Und in diesem Jahr drohte erneut Ungemach, nachdem sich der vom scheidenden Vorstandsvorsitzenden Edzard Reuter versprochene Milliardengewinn in einen Milliardenverlust verwandelt hatte.

Doch blieb der befürchtete Eklat aus – im Gegenteil: Die Hauptversammlung endete sogar mit stehendem Applaus für den angeschlagen angetretenen Jürgen Schrempp. Der hatte alle Register gezogen, um den Konzern menschlicher, freundlicher und transparenter erscheinen zu lassen: Auszubildende statt Miethostessen kümmerten sich um die 8 500 Aktionäre. Und zum ersten Mal saßen Vorstand und Aufsichtsrat auf Augenhöhe mit den Aktionären: »Um die angestrebte neue Nähe zu den Aktionären zum Ausdruck zu bringen, thronten Vorstand und Aufsichtsrat nicht wie früher abgehoben auf einem hohen Podium, sondern blieben hinter langgestreckten Tischen auf dem Boden, aufgereiht vor einer aufsteigenden Reihe von großformatigen Tafeln aus naturbelassenem Seekiefernholz«, berichtete die *Stuttgarter Zeitung* über die Hauptversammlung in der Stuttgarter Schleyerhalle.[9] Von einem gläsernen Stehpult aus benannte Schrempp schonungslos die Schwierigkeiten des Konzerns und beschrieb detailliert die geplanten Gegenmaßnahmen. Dieser Auftritt wirkte so wie (vermutlich) geplant: Die Wirtschaftspresse rühmte Schrempps »kalkulierbare Geradlinigkeit« und seine Kommunikations- und Überzeugungsfähigkeit. Aus einer ungeliebten Pflichtveranstaltung wurde der Wendepunkt zu einem erfolgreichen Start als Vorstandsvorsitzender. Dass Schrempp letztlich in der Wahrnehmung der Wirtschaftsöffentlichkeit als der größte Wertvernichter nach Ron Sommer in die deutsche Managementgeschichte einging, steht indes auf einem anderen Blatt – und wird in einem anderen Kapitel thematisiert (siehe Kapitel 10).

Schrempp war offenbar ohne kommunikative Strategie angetreten – und hatte prompt kein Fettnäpfchen ausgelassen. Damit stand er unter den deutschen Topmanagern keineswegs allein da. Im Gegenteil, er folgte ganz dem üblichen Muster: Der CEO hat Wichtigeres zu tun – und erkennt nicht, dass Kommunikation eine seiner zentralen Managementaufgaben ist. Im Vordergrund stehen die unternehmerischen Ziele und Aufgaben, Kommunikation erscheint als eine nachgeordnete Angelegenheit und bleibt der Unternehmenskommunikation überlassen. Damit geht die Steuerungshoheit auf den Kommunikationschef über. Der erfüllt oftmals in Personalunion die Funktion des Pressesprechers. Damit steht er unter massivem Druck des Tagesgeschäfts. Zeit raubende Reflexion und intensive strategische Kommunikationsplanung können nicht geleistet werden. Folgerichtig existiert auch kein differenziertes, an der Persönlichkeit des CEO ausgerichtetes Kommunikationskonzept. Auf die Rolle des Leiters Unternehmenskommunikation gehen wir im siebten Kapitel noch genauer ein. Hier soll dieser Hinweis genügen, um die Folgen plausibel zu machen: Der CEO vergibt die Chance, im Rahmen eines gesetzten Planungsprozesses selbst aktiv Ereignisse und Themen zu definieren. Besonders prekär ist dies am Beginn einer neuen Amtsperiode. Damit ist der neue CEO weder in der Lage, die gewünschte Wahrnehmung seines Amtsantritts zu definieren, noch zu organisieren.

Recht klare Vorstellungen davon, wie er an den ersten Tagen als CEO wahrgenommen werden wollte, hatte offenbar Kai-Uwe Ricke, der Chef der Telekom. Dabei stand sein Amtsantritt unter einem sehr ungünstigen Stern. Nach der öffentlichen »Hinrichtung« von Ron Sommer und dessen Rücktritt als Telekom-Chef übernahm zunächst das Aufsichtsratsmitglied Helmut Sihler für sechs Monate die Führungsgeschäfte. Seine vorrangige Aufgabe: sich um eine tragfähige Nachfolgeregelung zu kümmern. Das geriet zu einem Kommunikationsdebakel. Mehr als drei Monate zog sich die Suche hin. »Fast täglich wird ein anderer Name genannt«, stöhnte das *Handelsblatt*.[10] Als sich eine interne Lösung abzeichnete, waren schon 16 Namen im Gespräch: Der damals 41-jährige Mobilfunkchef Kai-Uwe Ricke sollte es machen. Doch er galt als interner Kompromisskandidat und als Ziehsohn Ron Sommers, war als Manager an der Krise des Konzerns nicht ganz unbeteiligt – und war noch dazu der Sohn des Sommer-Vorgängers Helmut Ricke. Denkbar ungünstige Voraussetzungen für eine eigenständige Profilierung im neuen Amt. »Ich bin ich« war dann auch eines der ersten Statements des neuen Chefs, der eher als ruhig und bedächtig agierender Manager denn als medialer Selbstdarsteller galt. Mit Ricke hielt ein neuer Führungsstil Einzug. Es waren eher die leisen Töne, die Ricke anschlug – eher nebensächlich erscheinende Handlungen, die aber Zeichen setzten und aufmerksam registriert wurden: Ricke ging ohne Jackett zum Mittagessen – und die anderen Vorstände taten es ihm gleich. Ricke arbeitete direkt zu Beginn seiner Amtszeit einen Tag im »T-Punkt«-Laden – und empfahl seinen Managerkollegen diesen Kontakt zur Wirklichkeit. Ricke predigte Integrität und Glaubwürdigkeit – und hielt sich selbst daran. Dazu gehörte für ihn auch, »nicht mit vollmundigen Ankündigungen vorzupreschen, sondern erst dann an die Öffentlichkeit zu gehen, wenn er Taten und Ergebnisse vorweisen kann«, berichtete die *Frankfurter Allgemeine Zeitung*. Von einem Auftritt vor der Presse abgesehen, schreibt die Zeitung erstaunt, »tauchte der neue Telekom-Chef bisher in den Medien nicht auf«.[11] »Bisher«, das war ein gutes Vierteljahr nach seinem Amtsantritt. Ricke setzte eher auf interne Kommunikation, ließ ein neues Konzernleitbild entwickeln, demonstrierte Teamfähigkeit, trat für eine neue Glaubwürdigkeit ein, sprach von einem Kulturwandel in dem Großunternehmen, von einem neuen Spirit, der zu besseren Leistungen anspornen solle. Mit Ricke war ein neuer Managertypus an die Telekom-Spitze aufgerückt, der sich gerade im Vergleich zu Ron Sommer gut veranschaulichen lässt: Im Gegensatz zu dem charismatischen und von sich überzeugten Sommer gilt Ricke als ruhiger, bedächtiger, leiser Typ, der zuhören kann und in hohem Maße auf Kommunikation setzt. So gelang ihm ein bemerkenswert glatter Start – auch wenn es abzuwarten gilt, wie er die Situation jetzt, da er zunehmend ins Kreuzfeuer nicht nur der Analysten, sondern auch einer breiten Wirtschaftsöffentlichkeit gerät, kommunikativ meistert.

Die Zeit der Helden ist vorbei

Der Wechsel von Sommer zu Ricke steht für einen grundlegenderen Wandel im Bild des Managers: Ein neuer Typus von Management setzt sich durch, den der Managementberater Charles Handy schon in den achtziger Jahren als »postheroisch« bezeichnet hatte. Postheroisch bedeutet, »dass das Heldenhafte abhanden gekommen ist, das Großartige, das Überhöhte«, wie die Autorin und Beraterin Brigitte Witzer in ihrem Buch *Die Zeit der Helden ist vorbei* schreibt.[12] Und Kai-Uwe Ricke verkörpert ebenso wie Siemens-CEO Klaus Kleinfeld den Typus des postheroischen Managers.

Dieser Wechsel des Managertypus kommt nicht von ungefähr, sondern hängt zusammen mit einem grundlegenden Wandel des Umfelds, in dem Unternehmen agieren: Die Welt ist komplexer geworden, das Tempo wächst. Damit verändern sich die Planungshorizonte. Heute ist die Planungsrealität nicht mehr linear. Häufig ändern sich Unternehmensziele und -strategien von jetzt auf gleich – nicht mangels Klarheit, sondern weil schnelle Veränderungen im Umfeld dazu zwingen, Planungen über den Haufen zu werfen und Ziele neu zu formulieren. »Aus einer vorbestimmten, einfachen und starren Ordnung in der Wirtschaft hat sich die Notwendigkeit von situativem und zugleich strategischem Handeln entwickelt«, so Witzer. Damit wandeln sich die Instrumente und Methoden der Unternehmensführung: Planung erfolgt nicht mehr ausgerichtet auf langfristige Ziele, sondern bezieht sich nur noch auf kurze überschaubare Zeiträume. Damit verschafft sich das Unternehmen ein hohes Maß an Flexibilität. Aber die Notwendigkeit schneller Strategie- und Kurswechsel erhöht den Erklärungsaufwand dramatisch. In einer sich schnell wandelnden und unsicher erscheinenden Welt wird Kommunikation zum wichtigsten Instrument zur Schaffung von Orientierung und Verständnis.

Ein gutes Beispiel für die Umsetzung einer kommunikativen Agenda bietet das bereits angeführte Beispiel von Hartmut Mehdorn und seiner vielgescholtenen Rambo-Strategie. Deren Ziel ist es, wie erwähnt, Unabhängigkeit, Eigenständigkeit, ja Wehrhaftigkeit zu vermitteln. Die planerische Umsetzung für diese kommunikative Agenda begann bereits kurz nach Mehdorns Amtsantritt: Sein Kommunikationsprogramm »Offensive Bahn« bildete die Klammer für das Zukunftprogramm des Unternehmens. In engem Zusammenspiel mit dem Kommunikationsteam entwickelte Mehdorn nicht nur eine erzählbare Geschichte zur Notwendigkeit und Zielsetzung des Programms. Er verband sie auch mit klaren und jeweils auf die unterschiedlichen Zielgruppen abgestimmten Botschaften: Während er sich in der Öffentlichkeit als offensiver Verteidiger des als Behördenbahn verspotteten Unternehmens profilierte, redete er intern Klartext über noch vorhandene Missstände. Dabei waren die Führungskräfte als Multiplikatoren eingebunden. Die »Offensive Bahn« folgte dabei einer klar strukturierten Taktung: Sie begann mit einem deutlichen Fokus auf der Führungskräftekommunikation. Hierbei standen vor allem die Notwendigkeit der Sanierung und die dafür erforderlichen Eigenschaften im Vordergrund: eine klare Sprache, keine Scheu, Tabus zu brechen, Disziplin, Opferbereitschaft und ein außerordentlicher Arbeitseinsatz. In regelmäßigen, eigens eingeführten Führungskräftekonferenzen hielt Mehdorn das Managementteam auf dem Laufenden. Erst danach folgte eine stärker emotional ausgerichtete Kommunikationsoffensive in Richtung der Mitarbeiter. Sie knüpfte sich eng an seine Präsenz im Unternehmen und seine von vielen als »zupackend« empfundene Persönlichkeit.

Dieses gestufte Vorgehen stellte sicher, dass die beiden internen Zielgruppen in den Prozess eingebunden wurden. Dem DB-Konzernchef gelang dabei so etwas wie die Quadratur des Kreises – nämlich »den Bahnern« sowohl die Dringlichkeit der Sanierung als auch den dafür unverzichtbaren Stolz auf das Unternehmen zu vermitteln. Wie klar Mehdorn seine internen Zielgruppen vor Augen hat und wie genau er weiß, wie seine Leute denken, das zeigt eine Äußerung im Gespräch mit dem *Stern*. In anderen Unternehmen, so Mehdorn, könne man als Visionär viele Leute motivieren, »wenn aber die Leute, die im Güterbahnhof Maschen jeden Tag Hunderte Waggons zusammenstellen, was über Visionen lesen, sagen die: Der tickt nicht richtig.«[13]

Ein Patentrezept kann Mehdorns Vorgehen sicher nicht bieten, denn die Bedingungen unterscheiden sich von Unternehmen zu Unternehmen. Je umfassender und erklärungsbedürftiger die unternehmerischen Ziele sind, desto mehr Aufwand und Mühe müssen auf Planung und Umsetzung der kommunikativen Agenda verwendet werden. Hierin liegt auch der wichtigste Grund für die tragende Rolle des Vorstands in diesem Prozess: Er allein kennt den Masterplan. Er allein hat auch den kompletten Überblick – und muss deshalb die Steuerungshoheit über die Planung der Kommunikationsprozesse übernehmen. Diese wichtige Managementaufgabe zu delegieren, rächt sich spätestens dann, wenn die ersten schwerwiegenden Probleme auftauchen. Jetzt werden Ressourcen gebunden und Zeiten aufgewendet, die durch vorausschauende Planung gespart und besser eingesetzt worden wären.

Indem der CEO die Steuerungshoheit übernimmt, kann er gewährleisten,

- dass die Planung der CEO-Kommunikation auf dem Abgleich von Unternehmens- und Kommunikationsagenda beruht,
- dass unternehmerische Entscheidungen, beispielsweise auch in der Personalpolitik, aus kommunikativer Sicht betrachtet und hinterfragt werden,
- dass fähige Manager und Köpfe aus den Unternehmensbereichen Strategieentwicklung, Kommunikation und Führungskräfte-Entwicklung zusammengeführt und mit entsprechenden Aufgaben bei der Gestaltung und Umsetzung der Kommunikationsagenda bedacht werden,
- dass ein eng gestricktes Netzwerk ihm Loyalität sichert und den Rücken freihält.

Die Umsetzung der kommunikativen Agenda ist keine einmalige Aktion oder ein begrenztes Projekt, sondern erfordert eine Veränderung der Kommunikationspraxis des Unternehmens. Gerade der Antritt eines neuen CEO bietet die Möglichkeit zu einer umfassenden Neugestaltung. Entscheidend sind die ersten hundert Tage – mittlerweile hat die in der Politik übliche Hundert-Tage-Schonfrist auch in den Unternehmen Einzug gehalten. Dies birgt die Chance, in einem zeitlich begrenzten Rahmen Prozesse anzustoßen und Entscheidungen zu treffen, beinhaltet aber auch die Verpflichtung, nach Ablauf dieser Schonfrist Ergebnisse vorweisen zu können, die Bestand haben. Kurz: Die ersten hundert Tage entscheiden über Erfolg oder Misserfolg.

Auf den folgenden Seiten sind die wichtigsten Arbeitsschritte für die kommunikative Gestaltung dieser Phase zusammengefasst.

Kernteam installieren

Die Zusammenstellung »seines« Kernteams ist von großer Bedeutung. Hier sammelt der CEO seine hoch loyalen, extrem leistungsstarken Mitarbeiter aus den wichtigsten Funktionsbereichen des Unternehmens. Ihr Engagement sichert ihm die Durchsetzungskraft seiner Agenda und der damit verbundenen unternehmerischen Initiativen. Diese Auswahl kann Zeit kosten und sich durchaus über einige Monate hinziehen. Höchste Priorität hat die Identifikation des geeigneten Kommunikationschefs. Der neue CEO trifft dabei in der Regel auf den Stelleninhaber, den sein Vorgänger hinterlassen hat. Ein offenes Gespräch klärt hier die Loyalitätsansprüche und -bereitschaft und führt zu schnellen Entscheidungen. Eine Neubesetzung braucht einige Wochen oder Monate Zeit, die überbrückt werden kann durch die Unterstützung externer Kommunikationsberater. Sie sichern auf jeden Fall einen nicht von eingeschliffenen Denkgewohnheiten geprägten Blick auf das Unternehmen und dienen ihm somit als unvoreingenommene Sparringspartner.

Netzwerke erkennen und für sich nutzen

Um seine unternehmerische wie seine kommunikative Agenda erfolgreich umsetzen zu können, muss der CEO sich der Unterstützung informeller Netzwerke und von Schlüsselpersonen im Unternehmen versichern. Dazu gehört, Netzwerke und Wortführer in der Organisation zu identifizieren und zu integrieren – oder sich notfalls von Opponenten zu trennen: Wer gehört zu den einflussreichen internen Netzwerken? Wer führt Meinungsbildungsprozesse an? Wie bezieht man frühere Mitbewerber um den Vorstandsposten ein? Mit welcher Unterstützung aus den nationalen und internationalen Tochtergesellschaften kann ein Vorstand rechnen? Gibt es Handlungsbedarf, um deren Loyalität zu sichern? Auch ein externes Beziehungsgeflecht kann hilfreich sein: Welche Analysten, welche Bankmanager, welche Lokal-, Wirtschafts- oder Politikjournalisten könnten bei der Umsetzung der Agenda unterstützen? Wer sind die wichtigsten Kunden?

Die entscheidende Frage lautet: Mit welchen Personen muss sich der Vorstand umgeben und zu wem sollte er besonders gute Beziehungen pflegen, um seine Ziele zu erreichen? Auch sollte man sich Klarheit verschaffen, wer zum engen Kern und wer zum erweiterten Kreis des informellen CEO-Netzwerks gehört. Hierbei hilft eine Darstellung in Form eines Schaubilds, das die Ziele zu den entsprechenden Schlüsselpersonen in Beziehung setzt. Die Regel »Make friends before you need them« ist in der Unternehmensrealität wörtlich zu nehmen. Nur wer über Netzwerke Unterstützung sichert und Teilhabe organisiert, kann seine Ziele umsetzen. Entscheidend ist dabei, dass sämtliche Kommunikationsfäden beim Vorstand zusammenlaufen. Dabei ist es hilfreich, klar festzulegen, wer Ansprechpartner zu welchem Themenbereich ist. In entscheidenden Phasen kann sich die Schlüsselrolle auf den Vorstand sowie den Chef der Unternehmenskommunikation konzentrieren.

Die eigene Sprache finden

Weil Aufmerksamkeit ein knappes Gut ist, braucht es klare Botschaften, um Fehlinterpretationen von vornherein den Boden zu entziehen. Vor allem die Schlüsselbegriffe müssen Assoziationskraft besitzen und eine emotionale Aufladung ermöglichen. Das übliche Verlautbarungsmuster in deutschen Führungsetagen, nämlich die für die Financial Community gedachten Kommunikationsangebote eins zu eins auch den anderen Zielgruppen zu präsentieren, ist ungeeignet. Begriffe wie »Turnaround« und »profitables Wachstum« mögen den Sachverhalt treffen, sind aber schon so häufig strapaziert worden, dass sie ihre Aussagekraft eingebüßt haben. Sie sind zu Leerformeln geworden, die allenfalls zeigen, dass der CEO die Sprache der Analysten spricht.

Ähnlich verhält es sich mit der Sprache der Unternehmensberater, die von den meisten Geschäftsführungen unreflektiert, weil vermeintlich risikolos, übernommen wird. Vorsicht ist geboten, denn Beratersprache macht Vorstandsaussagen austauschbar. Unternehmensberatungen verwenden eine artifizielle Sprache, die mit Fachbegriffen, Anglizismen und prozesstechnischen Bezeichnungen angereichert ist. Es ist eine »Konzeptsprache«, die schnelle Abstimmung, rasche Entscheidungsfindung und reibungslose Planung ermöglicht. Diesen Zweck erfüllt sie auch hervorragend; sie ermöglicht eine schnelle und präzise Verständigung über Prozesse. Doch ihre Anwendung jenseits dieses Kontexts ist höchst problematisch, ja kontraproduktiv. Denn die in der Breite des Unternehmens gelebte Sprache steht in keinerlei Verbindung zu Managementjargon und Konzeptsprache. Es bedarf im wahrsten Sinne des Wortes einer Übersetzung des unternehmerischen Diskurses. Erst das ermöglicht eine schnelle und reibungslose Verständigung zwischen den Hierarchieebenen. Denn bei Mitarbeitern erzeugt Konzeptsprache Misstrauen und Widerstand – ein Umstand, dem viele Entscheider nur unzureichend Rechnung tragen. Unterschätzt wird dann auch der Arbeits- und Zeitaufwand, der mit der Lösung solcher Probleme verbunden ist. Insbesondere der Vorstand steht hier in der Pflicht.

Eine andere Auswirkung der »Beraterkultur« sind Vorträge in Form von zum Verwechseln ähnlicher PowerPoint-Präsentationen, die sich meist nur im Corporate Design der betreffenden Firma unterscheiden. Überschriften und Schlüsselbegriffe hingegen sind austauschbar. PowerPoint, das Format der Executive Summary, diktiert alle Vorlagen. Die Maxime: allerhöchste Verdichtung und strikte Beschränkung auf die entscheidungsrelevanten Aspekte. Was abgekürzt werden kann, wird abgekürzt. Dazu gehören leider auch die Erfahrungsprozesse – die eigenen und die des Publikums. Die Vortragssprache in den Unternehmen verarmt; sie spricht die Zuhörer nicht mehr an, sondern konfrontiert sie mit hochverdichteten Fakten. Im englischsprachigen Raum gibt es die Unterscheidung zwischen »Presentation« und »Leadership Talk«. Während sich die Presentation auf die Vermittlung von Informationen konzentriert, will der Leadership Talk eine tiefe, emotionale Verbindung zum Publikum herstellen. Hier geht es darum, zu überzeugen, Vertrauen herzustellen, Gefolgschaft zu gewinnen, also um Führung im eigentlichen Sinne. Hierzulande wird PowerPoint als Führungsinstrument eingesetzt – ein grandioses Missverständnis.

Nur eine individuelle Sprache wirkt authentisch und verleiht der Botschaft Glaubwürdigkeit. Der CEO muss Begriffe, Bilder, Botschaften finden, die für ihn und seine Ära stehen. Diese Botschaften müssen Bedeutung vermitteln, sie müssen interpretieren und erklären. Der CEO ist die Person, die dem Unternehmen Bedeutung gibt. Seine Kommunikation muss deshalb die Bedeutungs- und Erwartungsebene mit ansprechen. Hier beginnt die eigentliche inhaltliche und erzählerische Arbeit.

Kulturelle Guidelines festlegen und Symbole nutzen

Wie »tickt« das Unternehmen? Welche kulturellen Denk- und Handlungsmuster prägen den Alltag? Unternehmen verfügen über einen riesigen Bestand an Wissen, das nirgendwo aufgeschrieben, katalogisiert oder archiviert, sondern allein in den Köpfen der Mitarbeiter gespeichert ist. Dennoch leitet dieses Hintergrundwissen ihr Handeln und bestimmt die Arbeits- und Organisationskultur eines Unternehmens. Weitergegeben wird es auf informellem Wege: zum Beispiel in Meetings und Teamsitzungen, bei der Ausbildung junger oder der Einarbeitung neuer Mitarbeiter oder auch in Gesprächen am Kaffeeautomaten, am Kopierer oder in der Mittagspause. Diese Unternehmenskultur legt fest, wie Dinge in einem Unternehmen getan werden und wie dessen Mitarbeiter sich verhalten. Von ihr hängt auch ab, wie groß die Entscheidungs- und Verhaltensspielräume eines jeden Mitarbeiters sind. Weil aber nur ein Teil dieses Wissens niedergelegt und festgeschrieben ist und weil es zugleich das eingeübte und antrainierte Verhalten der Mitarbeiter anleitet, ohne dass sie sich dessen bewusst sind, ist es so schwierig, die Kultur eines Unternehmens zu verändern.

Ohne die Unternehmenskultur zu berücksichtigen, wird weder die unternehmerische noch die kommunikative Agenda Erfolg haben. Ohne die Kultur – oder an ihr vorbei – geht in einem Unternehmen gar nichts. Doch wie erfährt man mehr über die Kultur eines Unternehmens, gerade wenn man nicht aus der Organisation selbst kommt, sondern von außen? Aufschluss kann eine Exploration liefern, sprich eine von Externen durchgeführte Befragung von Führungskräften und Mitarbeitern. Solche Befragungen sind nicht quantitativ und repräsentativ angelegt, sondern als qualitatives Interview mit einem ausgewählten Kreis von Führungskräften und Mitarbeitern. Ziel ist es, die Interviewpartner möglichst viel von sich aus erzählen zu lassen; deshalb gibt es auch nur einen grob strukturierten Gesprächsleitfaden. Denn es geht um ihren eigenen Erfahrungsraum, also die subjektive Schilderung der eigenen Wahrnehmung. Ein Vergleich der Ergebnisse gibt Aufschluss über geteilte Wahrnehmungs- und Handlungsmuster im Unternehmen.

Auf solchen gemeinsamen kulturellen Mustern kann Kommunikation aufbauen – und an sie appellieren. Denn die Kultur eines Unternehmens wirkt keinesfalls nur als Bremser von Veränderung. Im Gegenteil, sie ist ein großes Potenzial und ein starker Beschleunigungsfaktor für Veränderungsprozesse – dann nämlich, wenn der angestrebte Wandel auf vorhandenen Stärken aufbaut und diese systematisch weiterentwickelt. Ein Wandel der Unternehmenskultur kann nur gelingen, wenn der Vorstand klare Prinzipien und einen klaren Stil formuliert und die eigenen Vorgaben von den Personen an der Spitze gelebt werden.

Wertvolle Dienste leistet dabei die Kommunikation mithilfe von Symbolen. Ein symbolischer Akt, eine Geste kann nachhaltige Zeichen setzen und mehr ausdrücken, als man mit Worten beschreiben könnte. Symbole sind daher ein wichtiges Kommunikationsinstrument. So war es wohl kalkuliertes Symbol, als Kai-Uwe Ricke an seinen ersten Arbeitstagen als Telekom-Vorstand in einem »T-Punkt«-Laden jobbte und ohne Sakko zum Mittagessen ging. Diese Handlungen waren Ausdruck für Kundenorientierung, für einen neuen Führungsstil und eine neue Managementhaltung in der Telekom-Zentrale.

Eine wesentlich drastischere Symbolik wählte Ricardo Semler, als er den väterlichen Betrieb, einen etablierten Zulieferer der Schiffsbauindustrie in Brasilien, übernahm. Der erst 24 Jahre alte Harvard-Absolvent hatte bereits vier Jahre lang das streng hierarchisch strukturierte und patriarchalisch geführte Familienunternehmen von innen studiert – und er nutzte seinen ersten Tag als CEO, um ein drastisches Zeichen für einen radikalen Umbau des Unternehmens zu setzen: Er entließ zwei Drittel der Manager, strich dem verbliebenen Management die Sekretärinnen und Assistentinnen und firmierte das Unternehmen um – aus Semler & Company wurde Semco. Der junge Chef reduzierte die Hierarchieebenen von zwölf auf drei und führte ein radikales Selbstverwaltungsmodell ein: Die Mitarbeiter arbeiten selbstverantwortlich, weitgehend ohne Vorschriften und bestimmen ihre Führungskräfte selbst. »Autorität muss von unten kommen«, forderte Semler in einem Zeitungsinterview. »Die Leute wachsen mit der Verantwortung, sie fühlen sich ernst genommen und verhalten sich danach. Der Rest kommt dann von alleine.«[14] Teilhabe und Selbstverantwortung sind die Leitideen in Semlers Managementkonzept: jeden Mitarbeiter möglichst umfassend an den unternehmerischen Entscheidungen zu beteiligen und ihm die Verantwortung für sein eigenes Handeln am Arbeitsplatz und in der Firma zuzugestehen.

Als in späteren Jahren ein neuer Standort für das Unternehmen gesucht wurde, lud Ricardo Semler die gesamte Belegschaft in Busse, zeigte den Mitarbeitern die Alternativen und ließ sie über den neuen Standort entscheiden. Ricardo Semler wurde zu einem gefragten und hochbezahlten Redner; das World Economic Forum ernannte ihn zum »Global Leader of Tomorrow«. Sein symbolischer Startschuss für den Umbau des Unternehmens eröffnete Gestaltungsspielräume für die Umsetzung seiner Vision von modernem Management.

Inzwischen haben auch viele Topmanager den Wert symbolischer Kommunikation erkannt. Besonders in Phasen schnellen Wandels hilft sie, die notwendigen Veränderungen und vor allem die eigene Strategie und Agenda verständlich zu machen, die Unterstützung von Mitarbeitern, Kunden und Kapitalgebern zu sichern sowie Werte und Ausrichtung des Unternehmens und des (neuen) CEO erfahrbar zu machen. In einer komplexen, informationsintensiven, sich schnell ändernden Wirtschaftswelt wird der Druck auf die Vorstandsvorsitzenden immer stärker. Deshalb hat die Symbolik als Legitimations- und Kommunikationsmittel für sie stark an Bedeutung gewonnen.

In Veränderungsprozessen muss das Führen durch Symbole auf die speziellen unternehmerischen und kommunikativen Herausforderungen abgestimmt sein. So ist es bei Fusionen immer ein Zeichen großer Wertschätzung, wenn der CEO sich auch ein Büro im übernommenen Unternehmen einrichtet. Tabubrüche – wie das Abschaffen von Vorstandsprivilegien – zeigen insbesondere bei Sanierungen die Entschlossenheit und Glaubwürdigkeit des Topmanagements und verdeutlichen den Ernst der Lage. Besonders eignet sich das Mittel der symbolischen Kommunikation für neue CEOs. Mit kalkulierten Brüchen überholter Traditionen kann »der Neue« dem Unternehmen früh seinen Stempel aufdrücken. So schaffte Michael Armstrong als CEO des Telekommunikationskonzerns AT&T die von Chauffeuren gesteuerten Limousinen für das Topmanagement ab. Und IBM-Chef Louis Gerstner verbannte alle Organisationscharts aus Präsentationen des Computerriesen, um die Beseitigung der Bürokratie zu unterstreichen. Als

Jürgen Schrempp Vorstandsvorsitzender bei Daimler-Benz wurde, stampfte er 80 Prozent der Kommissionen ein. »Er wollte keine Arbeitskreise, sondern verantwortliche Führungskräfte, die sich nicht hinter einer Meinungsbildung in der Gruppe verstecken«, berichtet Herbert A. Henzler, der frühere Chef von McKinsey Deutschland, in seinem Buch *Das Auge des Bauern macht die Kühe fett*.[15] Zugleich setzte Schrempp damit ein symbolisches Zeichen der Veränderung.

Gerade bei Konzernsanierungen gehen Symbolik und harte Einschnitte eine Liaison ein. So waren Ricardo Semlers Einschnitte in die Personaldecke des Unternehmens selbstverständlich keineswegs nur symbolische Handlungen, sondern klare Sanierungsprojekte. Gleiches gilt für die herben Maßnahmen, mit denen sich Jack Welch in den USA und Kajo Neukirchen in Deutschland den Ruf des knallharten Sanierers erwarben. So trug Kajo Neukirchen der konsequente Sanierungskurs, mit dem er etliche Unternehmen wieder in die schwarzen Zahlen führte, den Ruf ein, »Deutschlands härtester Manager« zu sein.[16] Zum Beispiel hatte Neukirchen bei der Metallgesellschaft rund 50 leitende Manager geschasst und bei Klöckner-Humboldt-Deutz die Belegschaft von 23 000 auf etwas mehr als 13 000 Mitarbeiter reduziert. Noch härter agierte Jack Welch, der General Electric umkrempelte und zur »Vorhut eines neuen, schnellen rücksichtlosen Kapitalismus« umbaute, wie *brand eins* urteilt.[17] Anfangs strich der »härteste Manager der Welt«, so *Fortune*, 118 000 Arbeitsplätze und erwarb sich damit bei Gewerkschaftern den Spitznamen »Neutron Jack« – will sagen: Er wirkt wie eine Neutronenbombe. Faktisch reduzierte das die Kosten, symbolisch schuf es, so *brand eins*, »eine Unternehmenskultur, die für permanente Krisenstimmung sorgt«.[18] Welch wurde damit zum Vorbild für einen »reinrassigen« Shareholder-Kapitalismus – und musste sich dafür den Vorwurf gefallen lassen, den »Unternehmensdarwinismus« hoffähig gemacht zu haben.[19]

Ein »Kirchenjahr« aufsetzen und die richtigen Plattformen wählen

Die Kirchen bringen einen einprägsamen Rhythmus in ihr Jahr: Weihnachten, Ostern, Pfingsten und eine Reihe anderer Feiertage bilden liturgische Ereignisse mit hoher Symbolkraft. Sie gliedern das Jahr und geben den Gläubigen Orientierung in einem festen Jahresturnus. Orientierung zu geben, ist auch eine zentrale Aufgabe der CEO-Kommunikation. Das Kirchenjahr bietet ein hervorragendes Beispiel, wie symbolische Feiertage das Jahr strukturieren können. Eine Art unternehmerisches »Kirchenjahr« kann den Takt vorgeben, Ruhe in das Unternehmen bringen und Kontinuität in diskontinuierlichen Prozessen symbolisieren. Ähnlich wie das klerikale Kirchenjahr enthält es hohe Feiertage, Zeiten der Vorbereitung wie auch Zeiten der Stille und der täglichen Routinen. Dabei lösen interne und externe Anlässe, große und kleine, erlesene Veranstaltungen einander ab. Selbst Pflichttermine wie die Veröffentlichung der Quartalszahlen, die Bilanzpressekonferenz, die Hauptversammlung und die Jahrespressekonferenz eröffnen Kommunikationsspielräume, die es zu nutzen gilt.

Zu den Feiertagen im Jahresturnus eines Unternehmens gehören auch extern vorgegebene Termine wie die großen Branchenmessen und interne Veranstaltungen wie zum Beispiel Führungskräftetagungen, Mitarbeiterveranstaltungen, Betriebsversammlungen, Jubiläen, Sommerfeste und die Weihnachtsfeier, aber auch Veranstaltungen für spezielle Mitarbeitergruppen, wie zum Beispiel ein Azubi-Tag. Wer beispielsweise im Rahmen einer eigenen Veranstaltung auf den Betriebsrat zugeht, bevor er sich auf eine Roadshow zu den Niederlassungsleitern begibt, kann Akzente setzen und Wertschätzung zum Ausdruck bringen. Einen solchen symbolischen Akzent setzte etwa die RAG, als sie einen »Familientag« einführte, an dem alle Mitarbeiter und ihre Angehörigen zusammenkommen – gewissermaßen ein hoher Feiertag und zugleich ein Signal dafür, dass das Unternehmen im Ruhrgebiet und in dessen Traditionen verwurzelt ist.

Das Kirchenjahr beinhaltet aber auch – wie sollte es anders sein – Zeiten der Besinnung und Zurückhaltung, der Vorbereitung auf das nächste Fest. Das vermittelt nach innen wie nach außen Ruhe, Verlässlichkeit und Sicherheit. Auch solche Phasen lassen sich im Jahresturnus eines Unternehmens einplanen; es wäre falsch, wenn ein Event das nächste jagen würde. In diesem Sinne gilt es, einen Spannungsbogen zu gestalten, ein Programm, das eine eigene Handschrift trägt. Dabei muss der Chef nicht überpräsent sein, sondern sollte jedes Ereignis und jede Veranstaltung daraufhin prüfen, ob damit ein geeigneter Anlass gegeben ist, seine Themen angemessen zu adressieren.

Dabei hat schon jeder Rahmen seiner Auftritte Symbolcharakter und ist für sich genommen eine Botschaft. Passen kostspielige Events zu einem Sanierungsauftrag? Muss der CEO bestimmte gesellschaftliche Anlässe wahrnehmen, wenn das Unternehmen rote Zahlen schreibt? In Phasen, in denen der Aufbau von Vertrauen im Vordergrund steht, bieten sich Veranstaltungen an, die auf persönliche Begegnung setzen. Von großer Bedeutung ist die Wahl der Bühne für die erste Begegnung mit den Mitarbeitern, der Presse, den Analysten, den wichtigsten Shareholdern. Finden diese Begegnungen in einem formellen oder in einem informellen Rahmen statt? In vielen Unternehmen ist es üblich, den neuen Vorstand im Rahmen einer Betriebsversammlung vorzustellen. Vielleicht hat aber die letzte Betriebsversammlung einen negativen Eindruck bei den Beschäftigten hinterlassen – soll man sich als »Neuer« sofort dort sehen lassen? Oder besser auf eine andere Veranstaltung ausweichen oder ein eigenes, neues Format anbieten? Die Form für die erste Begegnung sollte also wohl überlegt sein, zur Person passen, aber auch zur Kultur des Unternehmens.

Korrektive organisieren und den Blick auf die Realitäten bewahren

Leider gibt es nur zu viele Beispiele dafür, wie Menschen, die lange in Spitzenpositionen tätig sind, den Bezug zur Realität verlieren. Nicht nur die Enron-Manager oder Jean-Marie Messier lebten in Scheinwelten, die den Bezug zur Wirklichkeit weitgehend verloren hatten. Eine gewisse Selbstherrlichkeit und Selbstbezogenheit kennzeichnet die Persönlichkeit vieler Menschen in Spitzenpositionen. Höchste Arbeitsbelastung, willfähriges Umfeld, schrumpfende Sozialkontakte außerhalb der beruflichen Welt verstärken diese Tendenzen oder führen zum Abschied aus der realen Welt. Kommt hohe Medienpräsenz dazu, steigt das eigene Bedeutungsgefühl erheblich. Alles ist menschlich und nachvollziehbar, aber durchaus gefährlich. Entfremdung und Eitelkeit verkürzen Wahrnehmungen, erhöhen falsche Sensibilität, verschieben Prioritäten. Damit die Eitelkeitsfalle nicht zuschnappt, sollten rechtzeitig Korrektive geschaffen werden.

Legendär ist etwa die Geschichte des arabischen Herrschers Harun al Rashid, auf die wir zu einem späteren Zeitpunkt noch einmal zurückkommen werden (siehe auch das Postskriptum). Harun al Rashid mischte sich immer wieder unter das Volk und lauschte unerkannt den Gesprächen seiner Untertanen, um daraus Anregungen für seine Regierungsentscheidungen zu ziehen. Modern gesprochen organisierte sich der Herrscher systematisches Feedback, wo die Machtstrukturen dies verhinderten. Denn die Gefahr des schleichenden Realitätsverlustes ist nicht unbedingt nur in der eigenen Person begründet. Sie ist auch Folge der Beflissenheit und des vorauseilenden Gehorsams vieler Mitarbeiter. Je höher jemand in der Hierarchie rangiert, desto schwieriger wird es für ihn, ehrliche Antworten zu erhalten. Die Geschichte von des Kaisers neuen Kleidern illustriert diesen Mechanismus: Die Untertanen loben selbst noch die schönen Gewänder, als der Kaiser nackt dasteht.

Doch sind sich nur wenige Topmanager der Gefahr des Realitätsverlustes bewusst, der mit ihrer Führungsrolle verbunden ist, und suchen gezielt persönliche Begegnungen außerhalb des Unternehmens. Von Alfred Herrhausen war bekannt, dass er bei einem Gastvortrag eine Studentin kennen gelernt hatte, die ihn mit ihren intelligenten und offenen Antworten beeindruckte. Mit ihr traf er sich dann regelmäßig, um über Wirtschaftsfragen und sein unternehmerisches Handeln zu sprechen. So sicherte er sich ehrliches Feedback und vermied es, die Bodenhaftung zu verlieren. Dieses Beispiel zeigt, dass man sich aufrichtige Meinung auch unabhängig von professionellen Beratern verschaffen kann. Professionelles und persönliches Coaching schließen sich auch gar nicht aus; beides hat seine Vorteile. Wichtig ist nur, dass ein CEO über solche Korrektive verfügt – egal, ob er sich an eine Vertrauensperson wendet, sich professionell beraten lässt oder einen persönlichen Coach engagiert.

Festzuhalten bleibt: Die bewusste Steuerung der Wahrnehmung der Person des CEO, seines Auftrags und seiner Ziele ist das Ergebnis von genauer und intensiver Planung. Damit gewinnt er Zeit und Raum für seine unternehmerischen Aufgaben. Das erfordert ein neues Verständnis von Kommunikation. Voraussetzung dafür ist ein Prozessmusterwechsel: Es ist seine Aufgabe und nicht nur die der Fachabteilung, seine Kommunikation zu planen. Bei ihm laufen die Fäden zusammen. Er ist damit Gestalter seines Erfolgs.

Der wiederum hängt davon ab, ob es ihm gelingt, die Gefolgschaft von Führungskräften und Belegschaft zu sichern. Das ist Thema des folgenden Kapitels.

Anmerkungen

1 Seifert 2006, S. 18-19

2 Nölting, A.: »Der Damm ist gebrochen«, *manager magazin online*, 09. 05. 2005, http://www.manager-magazin.de/unternehmen/artikel/0,2828,355290,00.html

3 zit. n. Keidel, S./Seibel, K.: »Vergebliches Warten auf Christopher Hohn«, in: *Die Welt*, 26. 05. 2005

4 Seifert 2006, S. 137

5 Wuttke, W./Schwitalla, T./Deges, S./Schöneberger, M: »Stuttgarter Stühlerücken«, in: *Rheinischer Merkur*, 04.08.2005

6 Fröndhoff, B.: »Chefsessel wird zum Schleudersitz«, in: *Handelsblatt*, 23. 05. 2006

7 Heller, M.: »Peinliche Enthüllungen und ›inopportune Worte‹ in Rom«, in: *Frankfurter Allgemeine Zeitung*, 27. 07. 1995

8 Behrens, B.: »Auf-, Ab- und Umsteiger – Stars und Sternschnuppen«, in: *Wirtschaftswoche*, 12. 12. 1996

9 Pretzlaff, H: »Abrechnung bei Daimler-Benz«, in: *Stuttgarter Zeitung*, 23. 05. 1996

10 Slodczyk, K.: »Die K-Frage«, in: *Handelsblatt*, 18. 10. 2002

11 o.V.: »Mit dem Chef wechselte bei der Telekom auch der Führungsstil«, in: *Frankfurter Allgemeine Zeitung*, 08. 03. 2003

12 Witzer 2005, S. 15

13 zit. n. Fleming, B.: »Rambo spielt Eisenbahn«, in: *Stern*, Nr. 16, 07. 04. 2004

14 zit. n. Rüedi, W.: »Ricardo Semler«, in: *Schweizer Handelszeitung*, 21. 10. 1993

15 Henzler 2005, S. 37

16 Nölting, A.: »Der gnadenlose Kämpfer«, *manager magazin online*, 14. 11. 2002, http://www.manager-magazin.de/unternehmen/maechtigste/0,2828,222793,00.html

17 Bergmann, J.: »Der tanzende Elefant«, in: *brand eins*, Nr. 01/2002, S. 46-51, hier S. 48

18 ebd., S. 46

19 vgl. O'Boyle, T.: »Der Mann, der General Electric umgekrempelt hat«, in: *Frankfurter Allgemeine Zeitung*, 29. 05. 1999

Kapitel 4

Nach der Wahl ist vor der Wahl

Der CEO ist nicht nur »Außen-«, sondern ganz wesentlich auch
»Innenpolitiker«. In einem ständigen »Wahlkampf« muss er
die Identifikation von Führungskräften und Belegschaft mit ihm
und seinem Auftrag schaffen und so Gefolgschaft sichern.

»Der Kommunikations-GAU erwischte die 1 800 betroffenen Mitarbeiter
der Agfa Photo GmbH ausgerechnet am Feiertag, den 26. Mai 2005, Fron-
leichnam. Per Intranet teilte ihnen die Geschäftsführung die Insolvenz der
Firma mit. Und dass die Juni-Gehälter nicht mehr gezahlt werden könnten«, berichtet das Wirtschaftsmagazin *brand eins* über das unrühmliche
Ende für das deutsche Traditionsunternehmen, das nicht zuletzt auch eine
kommunikative Katastrophe war.[1] Den Betriebsrat hatte man am Abend
zuvor informiert, doch waren viele Mitarbeiter schon ins verlängerte Wo-
chenende aufgebrochen. Zeit wäre genug gewesen, meint die Zeitschrift,
denn den Insolvenzantrag hatte die Unternehmensleitung schon eine Woche zuvor eingereicht. »Und von wirtschaftlichen Schwierigkeiten war zuvor nie die Rede.« So kam die Pleite – kommunikativ – aus dem sprichwört-
lichen heiteren Himmel.

Ein anderes Beispiel für eine Überraschung aus der Vorstandsetage: Kurz
nach seinem Amtsantritt ließ sich Wolfgang Urban, der neue Vorstandsvorsitzende des Warenhauskonzerns KarstadtQuelle, in der *Wirtschaftswoche*
zitieren: »Aus dem Handelskonzern […] solle langfristig ein Kommunikati-
onskonzern werden.«[2] Die Verwirrung bei Management und Mitarbeitern
war groß. Einer der Teilnehmer erinnert sich: »Was das in letzter Konsequenz bedeutet, haben aber nur die wenigsten begriffen.« Die Frage ist: Warum erklärt Urban sich so missverständlich? Warum benutzt er Schlagworte,
und Begriffe, die erst mühsam entziffert werden müssen?

Die Erklärung ist vielleicht banaler, als man glauben möchte: Interne
Kommunikation – so sie denn überhaupt stattfindet – geht nicht selten an
den Inhalten, die die Mitarbeiter interessieren, vorbei und trifft deren Spra-

che nicht. Der Grund liegt im üblichen Verlautbarungsmuster in deutschen Topetagen. Es lautet: Wir erzählen die Story, die wir den Analysten servieren, eins zu eins nach innen. Das spart Zeit. Und es ist nicht unser Problem, wenn es andere nicht kapieren – zum Beispiel, was ein Kommunikations- mit einem Warenhauskonzern zu tun hat.

»Interne Kommunikation beschränkt sich in vielen Firmen auf die Mit- arbeiterzeitung und das Intranet«, betont Hans-Peter Meister, Geschäfts- führer des Instituts für Organisationskommunikation (IFOK).[3] Dies bestä- tigt die vom Institut für Demoskopie Allensbach im Auftrag von *Deekeling Arndt Advisors* durchgeführte Expertenbefragung zum Kommunikations- verhalten deutscher Vorstände: Auf die Frage, welche Kommunikations- aufgaben ein CEO habe, nannten die Verantwortlichen für die Unterneh- menskommunikation zu 78 Prozent externe Aufgaben. Nur 59 Prozent erwähnten auch die interne Kommunikation. Ganz anders war hingegen der Blickwinkel der befragten Arbeitnehmervertreter im Aufsichtsrat: Sie nannten zu 80 Prozent interne Kommunikationsaufgaben. Auch die be- fragten Analysten sahen die Kommunikationsverpflichtungen gegenüber den Mitarbeitern (45 Prozent) leicht vor den externen Kommunikations- aufgaben (42 Prozent).

Kommunikation schafft Wert

Das verwundert nicht, denn an den Kapitalmärkten hat sich längst herum- gesprochen, welche Bedeutung einer motivierten und loyalen Belegschaft für die Produktivität und nicht zuletzt auch für den Wert eines Unterneh- mens zukommt. Dies bestätigen verschiedene Studien zum Zusammenhang zwischen wirtschaftlichem Erfolg und Unternehmenskultur. So veröffent- lichte das amerikanische Beratungsunternehmen Watson Wyatt im Novem- ber 2004 einen Report, nach dem effektive interne Kommunikation den Marktwert eines Unternehmens um bis zu 15 Prozent steigern kann. Die Be- rater hatten herausgefunden, dass die Kommunikationsfähigkeit der Füh- rungskräfte erheblich zur Wertsteigerung des Unternehmens beiträgt und eine gute interne Kommunikation die Flexibilität der Mitarbeiter deutlich erhöht. Zu ganz ähnlichen Ergebnissen kam die internationale Strategie-

und Technologieberatung Booz Allen Hamilton. Bei einer gemeinsam mit dem Aspen Institute im Jahr 2004 durchgeführten Befragung von Topunternehmen in 30 Ländern zeigte sich ein deutlicher Zusammenhang zwischen gelebten Unternehmenswerten und überdurchschnittlichem finanziellen Erfolg. So sind etwa börsennotierte Unternehmen mit branchenüberdurchschnittlichem finanziellen Erfolg, so genannte »Financial Leader«, besonders erfolgreich bei der Verbindung von Werten und operativem Geschäft. Es zeigte sich, dass von diesen wirtschaftlich erfolgreichsten Unternehmen 88 Prozent besonderen Wert auf eine starke Mitarbeiterorientierung legen. Ebenso scheint das Bekenntnis der Unternehmensführung zu Ehrlichkeit und Offenheit die Performance zu beflügeln. Bei der unternehmensinternen Durchsetzung der Werte spielt der Vorstandsvorsitzende die maßgebliche Rolle, so die Studie. 74 Prozent der Unternehmen setzen darauf, dass eine gezielte interne Kommunikation eine verstärkende Wirkung auf die Unternehmensethik hat.[4]

Wer die interne Kommunikation vernachlässigt, verschenkt also enormes Wertschöpfungspotenzial. Denn Kommunikation ist das zentrale Führungsinstrument in jedem Unternehmen. Oder, wie bereits betont: Moderne Führung besteht im Wesentlichen in Kommunikation. Die Kommunikation muss alle Kanäle nutzen und alle Zielgruppen ansprechen, und zwar spezifisch sowohl in den Inhalten wie in der gewählten Sprache. Dies gilt insbesondere für die interne Kommunikation mit Führungskräften und Mitarbeitern. Wer das unterschätzt und vernachlässigt, der vergibt Chancen und beschneidet seine unternehmerischen Handlungsspielräume. Hartmut Mehdorn hat einmal gesagt, dass seine Managementarbeit zu 60 Prozent aus Kommunikation bestehe.[5] Führung, die sich zu einem guten Teil als Kommunikation versteht und interne Kommunikation als Führungsinstrument einsetzt, ist keine Marotte besonders kommunikativ veranlagter Vorstände, sondern wurzelt in einem tiefgreifenden Wandel des gesamten Umfelds, in dem Unternehmen agieren. Früher präsentierte sich der Vorstand als strenger, aber gerechter Patriarch, der das Unternehmen mit Weitblick in eine aussichtsreiche Zukunft führte. Der Deal war damals: Die Geschäftsleitung verspricht Sicherheit, Orientierung, Zukunft, die Führungsmannschaft und die Mitarbeiter engagieren sich dafür mit ganzer Kraft.

Diese Zeiten sind heute definitiv vorbei. Die Geschwindigkeit des Informationszeitalters, die Komplexität des globalen Marktgeschehens und der

Druck der Kapitalmärkte setzen Unternehmen und ihre Führung unter einen früher nie gekannten Handlungs- und Entscheidungsdruck.

Dabei müssen sie sich eine Vielzahl strategischer Optionen offen halten. Das Topmanagement von heute muss dazu in der Lage sein, sich schnell auf neue Gegebenheiten einzustellen – überspitzt gesagt: morgen das Gegenteil dessen zu tun, von dem es gestern noch überzeugt war. Die Planbarkeit schrumpft auf eine immer kürzere Zeitspanne. Auch wirtschaftlicher Erfolg ist kein Garant mehr für Beständigkeit; Unwägbarkeiten werden zum ständigen Begleiter im unternehmerischen Alltag.

Die wachsende Komplexität und Geschwindigkeit erzwingen dabei völlig neue Planungs- und Managementmuster: Taktische Orientierung, Flexibilität und schnelle Kursänderungen sind kein Symptom von Desorientierung, sondern höchstes Handlungsgebot in Zeiten schnellen Wandels.

Und mit den neuen Anforderungen von außen ändern sich auch die Anforderungen nach innen, an Führungskräfte und Mitarbeiter: Schnelligkeit, Lernfähigkeit, vor allem aber Mut und Eigenverantwortung haben an Bedeutung gewonnen. Statt um klare, tief gestufte Hierarchien, in denen Befehl und Gehorsam regieren, geht es nun darum, zu überzeugen und Vertrauen und Teamfähigkeit zu entwickeln, um in immer neuen personellen Konstellationen komplexe Projekte bewältigen zu können.

Für die Kommunikation des CEO bedeutet das: Er ist gefordert, die neuen Rahmenbedingungen, Spielräume und Optionen verständlich zu machen und durch persönliche Glaubwürdigkeit für Kontinuität zu sorgen. Die alte Managementpraxis der Führung via Handlungsanweisung ist dem neuen Muster strukturell unangemessen. Das klassische Führungsmodell ist in einer Welt schnellen Wandels zum Scheitern verurteilt. Der alte Konsens zwischen Führenden und Geführten, der Tausch von Sicherheit gegen Loyalität, ist passé. Sicherheiten kann der CEO nicht mehr anbieten – also ist ein neues Modell zur Sicherung von Gefolgschaft gefragt, das wiederum bei einem gewandelten Loyalitätsbegriff ansetzen muss. Nicht mehr Gefolgschaft durch Anerkennung von Herrschaft ist gefordert, sondern Gefolgschaft aus Überzeugung. Und Überzeugung ist nur kommunikativ herzustellen.

Von der Loyalität zur Identifikation

»Loyalität ist eine Partizipationsbeziehung«, schreibt der Soziologe Richard Sennett in seinem Buch *Die Kultur des neuen Kapitalismus*. Das bedeutet, sie setzt Teilhabe voraus: »Mit keinem noch so schönen oder logischen Geschäftsplan wird ein Unternehmen die Loyalität der Menschen gewinnen, denen dieser Plan aufgezwungen wird, und zwar einfach deshalb, weil die Beschäftigten an seiner Aufstellung nicht beteiligt waren.«[6] In den flachen, flexiblen Unternehmen von heute sei Loyalität zu einem Problem geworden, analysiert Sennett – und zwar von beiden Seiten, der Organisation und den Mitarbeitern: Im Gegensatz zu den alten Organisationen, die von dem »stahlharten Gehäuse« der Bürokratie (Max Weber) geprägt waren, tun sich die Unternehmen heute zunehmend schwer, Loyalität herzustellen. Umgekehrt fühlen sich Mitarbeiter und Führungskräfte nicht mehr im gleichen Maße an das Unternehmen gebunden wie früher. Damals galt es als normaler beruflicher Lebensweg, von der Firma in die Rente verabschiedet zu werden, bei der die Lehre begonnen wurde. Heute gehört ein häufiger Wechsel der Arbeitsstelle zur beruflichen Normalität; die Patchwork-Karriere ist zum Standard geworden und gilt als Ausweis der Flexibilität – einer Flexibilität, die Unternehmen erwarten und voraussetzen, obwohl sie doch die Loyalität untergräbt, die nach wie vor, so Sennett, »ein für das Überleben im Auf und Ab der Konjunkturzyklen notwendiges Element« geblieben ist.

So treffend Sennetts Analyse auf den ersten Blick erscheint, so kritisch hat man sich mit der deutschen Übersetzung auseinander zu setzen. Denn es ist notwendig, Unterschiede im deutschen und im englischen Sprachgebrauch zu berücksichtigen: Im Englischen hat »loyality« eine offenere und weniger »schwere« Bedeutung als im Deutschen. Während man im Englischen zum Beispiel »I am loyal to my contract« sagt, beinhaltet der Begriff »Loyalität« im Deutschen eine tiefere Gefolgschaftsbeziehung. Loyalität meint laut Fremdwörter-Duden die Treue gegenüber der herrschenden Gewalt, die Achtung vor den Interessen anderer bis hin zu Anständigkeit und Redlichkeit.[7] Loyalität ist also keine situative, phasenweise, sondern eine tiefe, dauerhafte Beziehung. Das bedeutet aber, dass eine Übersetzung eins zu eins nicht für unseren Zusammenhang taugt. Loyalität ist keine Kategorie für Führungs- und Managementkommunikation.

Statt von Loyalität ist besser von Identifikation zu sprechen. Loyalität ist langfristig angelegt und kann vom Mitarbeiter nur auf Gegenseitigkeit eingefordert werden: Nur wenn das Unternehmen Loyalität bieten kann, kann es auch Loyalität verlangen. Diese Voraussetzung ist aber nicht mehr gegeben. Das Modell Arbeitsplatz auf Lebenszeit funktioniert nicht mehr, die Festanstellung ist fast schon ein Auslaufmodell. Feste und dauerhafte Arbeitsbeziehungen weichen situativen und projektbezogenen. Damit können Unternehmen keine langfristigen Sicherheiten mehr bieten – und konsequenterweise keine Loyalität mehr erwarten. Identifikation hingegen ist eher projektbezogen und fokussiert auf temporäre Ziele. Sie ist auf eine Agenda ausgerichtet und fall- und phasenweise herzustellen oder aufzukündigen. Identifikation ist damit der adäquate Begriff für die sich herausbildenden flexiblen Arbeitswelten der Wissens- und Dienstleistungsgesellschaft. Die Aufgabe besteht nunmehr darin, Identifikation mit den Unternehmenszielen herzustellen, nicht mehr Loyalität für das Unternehmen.

Ähnlich verhält es sich mit dem Begriff der Partizipation. Er steht für überholte Bottom-up-Prozesse und erzeugt eine Anspruchshaltung, die nicht mehr eingelöst werden kann. Involvement oder Einbindung hingegen bringt den ganz bewusst gestalteten Top-down-Prozess zum Ausdruck und ist der zeitgemäßere Begriff. Vom Vorstand verlangt dies indessen ein weit größeres zeitliches Engagement. Im alten Modell war Loyalität erwartbar und Partizipation zu gewähren. Heute ersetzen komplexe Interaktionen einfache Deals.

Dabei darf es nicht bei symbolischen Einmalaktionen bleiben: Identifikation gewährleisten kann der CEO nur durch kontinuierliche Kommunikation, die seine Glaubwürdigkeit vermittelt. Dabei ist sein persönlicher Einsatz gefordert. Diese Aufgabe kann weder die Personal- noch die Kommunikationsabteilung für ihn übernehmen. Ziel muss es sein, die Identifikation der Belegschaft mit ihm und seiner Mission herzustellen. Das ist eine Art Interessenausgleich zwischen Führung und Mitarbeitern, jenseits der im Betriebsverfassungsgesetz fixierten Verfahrensregeln. Hier geht es ums Überzeugen – immer wieder neu für immer neue Aufgabenstellungen, für immer neue Ziele. Identifikation und Unterstützung werden somit zu den Kernelementen einer Beziehung, deren Bestand stets neu gesichert werden muss.

Appellative Kommunikationsmuster der Art »Wir müssen besser werden und ich fordere Sie auf, sich dafür einzusetzen« verfangen nicht mehr. Stattdessen muss der CEO zum Geschichtenerzähler werden. Er muss Führungskräften und Mitarbeitern die Welt erklären, in der das Unternehmen sich bewegt. Er muss Gewinnaussichten anbieten und muss in der Lage sein, die Frage »Was springt für mich dabei raus?« für jeden Einzelnen überzeugend zu beantworten. So wird in der amerikanischen Managementliteratur die Überzeugungsarbeit des CEO als »Organisation des Buy-in« bezeichnet.

Insbesondere im Hinblick auf die Führungskräfte ist dabei strategisches und taktisches Geschick gefragt: Es gilt, um ihre Gefolgschaft mit besonderem Nachdruck zu werben, ihre spezifischen Interessen mit großer Umsicht ins Kalkül zu ziehen. Mehr denn je befinden Führungskräfte sich nämlich in einer Sandwich-Position: Einerseits selbst von Veränderungen betroffen, sind sie andererseits als Multiplikatoren für die kommunikative Agenda des Vorstands unverzichtbar. Nach wie vor ist der Dialog mit dem direkten Vorgesetzten die wichtigste Informationsquelle für Mitarbeiter. Deshalb muss der CEO seine Führungsmannschaft zum engsten Verbündeten auf seinem Weg zum Erfolg machen. Das setzt Offenheit im Dialog voraus und die Fähigkeit, eigene Unsicherheiten selbstkritisch einzugestehen. Die Führungskräfte zu gewinnen ist die Voraussetzung, um im nächsten Schritt auch die Mitarbeiter gewinnen zu können. Denn Führungskräfte wirken als Katalysatoren für die Leistungsbereitschaft und das Engagement der Mitarbeiter.

All das verdeutlicht: Neben seiner Rolle als »Außenpolitiker« muss der CEO auch die des »Innenpolitikers« annehmen. Kaum berufen, befindet er sich in einem permanenten »Wahlkampf«: Er ringt um Unterstützung für die Verwirklichung seiner unternehmerischen Agenda. Weil Gefolgschaft nicht mehr fester Bestandteil der wechselseitigen Vereinbarung, des »Deals« ist, muss sich der CEO immer wieder neu des Rückhalts in der Belegschaft versichern. Wie Politiker fortwährend bei den Wählern um ihr Mandat werben und Verbündete in Parteiorganen und Gremien gewinnen müssen, um Entscheidungen in ihrem Sinne zu erreichen, so geht es auch für Unternehmensführer darum, Identifikation sicherzustellen. Vor allem die Führungskräfte im oberen und mittleren Management müssen von der unternehmerischen Agenda überzeugt sein und erkennen können, dass sich das Engagement für die Sache lohnt. Sie brauchen zudem Botschaften und Sprachangebote, die sie an die Mitarbeiter weitergeben können. Das Rollenmodell ist der Chef selbst.

Eine zentrale Rolle kommt der internen Kommunikation in Change-Prozessen zu – sie wird zum erfolgskritischen und strategischen Faktor. Interne Kommunikation, die sich nur auf die Vermittlung und Bereitstellung von Information beschränkt, kann Akzeptanz und Identifikation nicht herstellen. Zusammenhänge gehen in einem Wust von Detailinformationen verloren. Die Bedeutung von Projektzielen wird nicht vermittelt; Botschaften bleiben abstrakt, weil sie entweder zu komplex oder aber allein auf Kennzahlen oder Steuergrößen reduziert sind. Um die nötige Transparenz zu schaffen und Mitarbeitern wie Führungskräften die zentralen Inhalte und den Sinn des Wandels begreifbar zu machen, bedarf es einer aktiven inhaltlichen Gestaltung der Kommunikation. Ziele, Strategien und Konzepte müssen in eine erzählbare, nachvollziehbare und erlebbare Programmatik übersetzt werden. Erst dies macht die geplanten Veränderungen plausibel und liefert Identitäts- und Orientierungsangebote, sichert Akzeptanz und fördert einen Einstellungswandel der Mitarbeiter.

Ohne Orientierungsangebote machen schnell Gerüchte und Fehlinterpretationen die Runde und entfalten eine lähmende und demotivierende Wirkung. Dies illustriert eine Befragung der Managementberatungsgesellschaft Deloitte Consulting bei Mitarbeitern von Finanzdienstleistern. Ihr zufolge haben deutsche Arbeitnehmer größere Furcht vor Veränderungen als ihre Kollegen in Italien und Großbritannien. Eine offene interne Kommunikations- und Informationspolitik im Unternehmen, so die Studie *Certainty of Change* aus dem Jahr 2003, könnte das Vertrauen der Angestellten steigern und ihnen die Scheu vor Fusionen, Übernahmen, Ausgliederungen und Umstrukturierungen nehmen. Wer also nicht die Unterstützung der Belegschaft sicherstellt, lässt entscheidende Potenziale ungenutzt.

So plädierte Hartmut Mehdorn in einem Interview zur Bedeutung der internen Kommunikation mit Führungskräften und Mitarbeitern sehr eindringlich dafür, sich in Change-Prozessen zunächst auf die Führungskräftekommunikation zu konzentrieren – allerdings verbunden mit dem Appell, erhaltene Informationen auch weiterzureichen. Zur Überprüfung, ob der Informationsfluss funktioniert, riet Mehdorn, zwei Ebenen tiefer gelegentlich nachzufragen, ob die entsprechenden Informationen tatsächlich weitergeleitet wurden. Sein Fazit: »Sie werden sich wundern, was da alles nicht ankommt.«[8]

Erfolgreiche interne Kommunikation, wird im Übrigen auch von externen Beobachtern honoriert: Immer mehr Wirtschafts- und Finanzmedien beurteilen die Performance eines CEO danach, ob er es versteht, die Mitarbeiter von seinem Kurs zu überzeugen. Erfolgsstorys, die sich früher vor allem in angelsächsischen Medien fanden, inspirieren zunehmend auch deutsche Journalisten bei ihrer Berichterstattung. Ein Beispiel ist Dieter Zetsche, der 2005 als »der prominenteste einer neuen Generation tatkräftiger deutscher Manager« den Sprung auf die *Time-Magazine*-Liste der einflussreichsten Menschen der Welt schaffte – als vierter Deutscher neben Benedikt XVI., Angela Merkel und Franz Beckenbauer.[9] Als Zetsche im Juli 2005 zum Vorstandsvorsitzenden der DaimlerChrysler AG ernannt wurde, befasste sich die deutsche Presse eingehend mit dem Ruf, den sich der Manager bei der Sanierung von Chrysler in Detroit erarbeitet hatte. Mit Erstaunen wurde registriert, dass Zetsche, der harte Schnitte nicht gescheut und 40 000 Mitarbeiter entlassen hatte, in den Vereinigten Staaten trotzdem als »good guy« galt. Ein Phänomen, das die *Frankfurter Allgemeine Sonntagszeitung* mit der – wohlwollenden – Bezeichnung »Menschenfänger« zu erklären suchte: Zetsche sei eben ein Sympath.[10] Das ist indes nur ein Teil der Erklärung. Der andere Teil ist die Glaubwürdigkeit, die sich der Manager bei Führungskräften und Mitarbeitern erworben hatte – ihm nahm man ab, dass harte Einschnitte nötig waren, um das Unternehmen zu sanieren. Und akzeptierte seine Pläne ohne Murren.

Als Zetsche im Jahr 2000 den neuen Job im Herzen der amerikanischen Automobilindustrie übernahm, galt dies – je nach Sichtweise – als Härtetest oder als Himmelfahrtskommando. Seine Aufgabe war es, das Desaster, das der »Welt-AG« durch den Kauf des amerikanischen Autogiganten drohte, in letzter Minute abzuwenden. Das bedeutete knallharte Sanierung inklusive Abbau von Zigtausenden von Arbeitsplätzen. Zetsche tat es auf seine Art: »Er gab sich volksnah, ging in der Werkskantine essen, stand in der Schlange, hörte zu und pflegte Kontakt auch zu den einfachen Mitarbeitern mit einem entwaffnenden ›Call me Dieter‹. So viel Normalität der Chefs war nie, und sie bestach. Dieter – ein ›good guy‹«, berichtete die *Frankfurter Allgemeine Sonntagszeitung*. Zetsche spielte seine Stärken aus: zuhören, erklären, überzeugen, Vertrauen schaffen. »Er verspricht nur, was er halten kann, und hält dann auch, was er verspricht«, so nochmals die Zeitung. Diese Glaubwürdigkeit schuf die Grundlage für die erfolgreiche Sanierung: die Bereitschaft der Belegschaft, Ziele und Werte der Neuausrichtung zu akzeptieren, sich für deren Durchsetzung zu engagieren und das »neue« Unternehmen Chrysler auch zukünftig mitzugestalten. Ohne diesen Erfolg wäre Dieter Zetsche nie dorthin gekommen, wo er seit Januar 2006 steht: an die Spitze eines der Top-Ten-Unternehmen der Welt. Dort gilt er als »Manager mit Bodenhaftung« – ein Attribut, das seine Vorgänger Schrempp und Reuter mit ihren hochfliegenden Plänen verspielt hatten.[11]

Die Bedeutung von Kommunikation mit Mitarbeitern und Führungskräften wächst nicht nur, sondern macht inzwischen einen überwiegenden Teil der Tätigkeit von CEOs aus. Doch scheint diese grundlegende Erkenntnis in vielen Unternehmen noch nicht angekommen zu sein. So waren laut der Allensbach-Studie zum Kommunikationsverhalten deutscher Vorstände zwar 90 Prozent der Verantwortlichen für die Unternehmenskommunikation der Meinung, dass CEO-Kommunikation insgesamt wichtiger geworden sei, doch gerade mal 8 Prozent nannten den Wandel innerhalb der Unternehmen als Grund dafür. Veränderungen wie die stärkere Vernetzung unterschiedlicher Ebenen, der Abbau von Hierarchien oder ein verändertes Verständnis von Führung bleiben vielfach ohne kommunikative Konsequenzen. Das dürfte nicht zuletzt daran liegen, dass die Kommunikationsabteilungen und ihre Leiter noch immer die Betonung auf die externe Kommunikation legen.

Auf den folgenden Seiten erläutern wir die grundlegenden Regeln, die bei der Gestaltung der internen Kommunikation zu beachten sind.

Identifikation schaffen

Das war in früheren Jahren bedeutend einfacher. Das Vertrauen in die Hierarchie war noch groß. Es reichten Appellationsrituale, später symbolische Partizipationsangebote in Form von so genannten Leitbildprozessen, um Gefolgschaft sicherzustellen. Die Jahre der Veränderungsprozesse sind nicht spurlos an Konzernen und Unternehmen vorbeigegangen. Die Glaubwürdigkeit der Führung wird heute misstrauisch geprüft. Kredit wird nicht mehr selbstverständlich eingeräumt. Identifikation mit den unternehmerischen Zielen und Agenden ist deshalb heute eine Frage der Einbindung der Belegschaft. Einbindung erfolgt im verstärkten Dialog zwischen Topmanagement und Führungskräften und Mitarbeitern. Führungskräfte erwarten Erklärungen von ihrem CEO, und sie erwarten, dass ihre Erwartungen auch ernst genommen werden. Hier verhalten sie sich wie Analysten, die Aufklärung über den Kurs ihres Unternehmens einfordern und mit kritischen Fragen die Strategie der Unternehmensführung prüfen. Hier wie da gleichen sich die Formate an. Vor oder unmittelbar nach großen Veränderungen nutzt der CEO die so genannte Roadshow, um den Kapitalmarkt zu überzeugen. Er tritt hier persönlich auf, erklärt und verteidigt seinen Kurs und wirbt für Vertrauen. Das gleiche Verfahren und Format empfiehlt sich für die Einbindung von Führungskräften und Mitarbeitern. Die kritische Auseinandersetzung ist dabei keine Majestätsbeleidigung, sondern Ausdruck des Wunsches nach Einbindung und Verständnis. Überzeugt der CEO in Rolle und Inhalt, schafft er Identifikation und Bereitschaft zum Engagement.

Die persönliche Agenda der Spitzenkräfte mit einbeziehen

Weil der Eintritt in ein Unternehmen nur noch selten eine Lebensbeziehung bedeutet und weil Loyalität nicht mehr selbstverständlicher Bestandteil des »Deals« ist, gewinnt die persönliche Agenda der Spitzenkräfte einen anderen Stellenwert: Der Wandel und nicht die Beständigkeit wird zur Normalität. Das bedeutet, dass die persönlichen Karrieren von Vorstandskollegen, Topkräften auf der zweiten Ebene oder von Kommunikationsverantwortlichen in die eigene Agenda mit einzubeziehen sind. Den Buy-in zu organisieren und gute Leute zu halten – das erreicht man zuallererst durch Kommunikation. Im günstigsten Fall lassen sich die unterschiedlichen Ambitionen nicht nur miteinander vereinbaren, sondern auch füreinander nutzbar machen, sodass echte Win-win-Situationen entstehen. Das gelingt aber nur, wenn der Vorstand diese Positionierungsprozesse vorsichtig und einfühlsam moderiert und die Sensibilitäten und Eitelkeiten unterschiedlicher Personen berücksichtigt. Voraussetzung ist eine Vertrauensatmosphäre, die es ermöglicht, über solche – durchaus heiklen – Punkte offen zu sprechen. Besonderes Augenmerk ist dabei auf nicht zum Zuge gekommene interne Mitbewerber um den Vorstandsposten sowie auf die maßgeblichen Meinungsführer im Unternehmen zu legen.

Rolle der Führungskräfte beachten, alle internen Zielgruppen einbinden

Nur wenn der CEO es schafft, auch die Führungskräfte unterhalb der obersten Hierarchieebene für sich und seine Ziele zu mobilisieren, gewinnt er die nötige Identifikation für die Umsetzung sowohl seiner kommunikativen als auch der unternehmerischen Agenda. Sie sind als Vorgesetzte und Multiplikatoren die eigentlichen Motivatoren der Belegschaft. Auch hier gilt es, kollektive und individuelle Win-win-Situationen zu schaffen und die Vorteile herauszustellen, die eine aktive Unterstützung attraktiv machen für die jeweilige Führungskraft. Dazu gehören beispielsweise ein bevorzugter Informationszugang und die frühzeitige Einbindung in Projekte oder strategische Überlegungen. Damit nicht Informationen und Deutungsangebote in den Tiefen der Organisation »versickern«, nimmt eine erfolgversprechende Kommunikation immer sämtliche Zielgruppen im Unternehmen in den Blick. Wie in den vorangegangenen Kapiteln bereits geschildert, müssen dabei die Botschaften für die einzelnen Zielgruppen in Sprache und Inhalt auf die jeweiligen Verständnisbedingungen abgestimmt werden.

Anlässe für interne Begegnungen schaffen

Was auf den ersten Blick die leichteste Übung des Chefalltags zu sein scheint, entpuppt sich bei genauerem Hinsehen als schwierige Disziplin: persönliche Begegnungen im Rahmen von Führungskräfte- und Mitarbeiterveranstaltungen oder schlicht im täglichen Umgang miteinander. Schon die erste Begegnung setzt die Maßstäbe. Entscheidend dafür, ob die Auftritte des Vorstands Identifikation fördern, ist zum einen sein ganz persönliches Erscheinungsbild: »Die Menschen urteilen im allgemeinen mehr nach dem, was sie mit den Augen sehen, als nach dem, was sie mit den Händen greifen«, wusste schon Niccolò Machiavelli.[12] In seiner Schrift *Der Fürst* heißt es weiter: »Jeder sieht, was du scheinst, und nur wenige fühlen, was du bist.« Das hat sich auch in 500 Jahren nicht geändert. Im Gegenteil: In der Mediengesellschaft hat das Sichtbare eine noch größere Bedeutung. Kleidung, Gestik und Mimik eines Vorstands spielen eine wichtige Rolle für den Kommunikationserfolg. Gesten werden zu Symbolen und lassen sich als solche für die Kommunikation nutzen. Wenn Telekom-Chef Ricke ohne Sakko über die Flure geht oder Zetsche den jovialen Smalltalker gibt, kommt beim Empfänger die Botschaft an: netter Junge, unkomplizierter zugänglicher Typ. Ein anderes Beispiel ist Mark Hurd, der CEO von Hewlett-Packard. Er gewann die Herzen seiner Kollegen vor allem dadurch, dass er sich kommunikativ klar von seiner Vorgängerin Carly Fiorina absetzte. Statt von einem internationalen Forum zum nächsten zu jetten, ist er häufig in den Unternehmensfluren anzutreffen. Man beschreibt ihn als gradlinigen, bodenständigen und teamorientierten Macher und schätzt es, dass er seine Zeit lieber mit den Mitarbeitern anstatt beim Lunch mit Wall-Street-Größen verbringt. Hurd hofiere nicht die Finanzpresse, sondern konzentriere sich auf die Führung, kommentierte ein Managementprofessor.[13]

Niemals die Rolle des Betriebsrats unterschätzen

Betriebsräte befinden sich ebenso wie das Topmanagement in einer permanenten »Wahlkampfsituation« – gegenüber der Belegschaft wie in der eigenen Gewerkschaftshierarchie. Sie unterhalten ihre eigenen Netzwerke in den Unternehmen und ihren Organisationen und können auf Mitarbeiter in unterschiedliche Richtung einwirken – mäßigend und konfrontierend. Was für die Kommunikation generell gilt, das gilt auch für die mit den Arbeitnehmervertretern: Sie sollte geplant sein und sich in ein Gesamtkonzept einfügen. Dabei ist zu berücksichtigen, dass Betriebsräte über ein beachtliches Mobilisierungspotenzial verfügen und »kampagnenfähig« sind. Diese Möglichkeiten schaffen Druck, können aber auch für die Vermittlung von Unternehmenszielen genutzt werden. Ein CEO sollte sich Klarheit verschaffen, wie er die Kommunikation mit den Arbeitnehmervertretern gestalten will. Ein Beispiel für die gelungene Einbindung einer Arbeitnehmervertretung lieferte Axel Heitmann, Chef des Bayer-Spin-offs Lanxess, den er 2005 an die Börse brachte. Die erforderliche Restrukturierung gelang nicht zuletzt wegen seiner geschickten Verhandlungsstrategie im Umgang mit dem Betriebsrat. »Er hat sich als verlässlicher Verhandlungspartner erwiesen«[14], lobte dieser – was Heitmann wiederum ein Plus in der Belegschaft einbrachte. Auch dieses Beispiel unterstreicht, wie wichtig Verlässlichkeit und Glaubwürdigkeit sind – ganz unabhängig von inhaltlichen Zugeständnissen.

Die Sprache des Unternehmens lernen

In Organisationen bilden sich im Laufe der Zeit eigene Kommunikationsmuster und Sprachcodes heraus, die für Außenstehende oftmals nur schwer verständlich sind oder gänzlich unklar bleiben: Andeutungen, Kurzformeln, Begriffe, auch bestimmte Fachtermini sowie Anekdoten und Erzählungen, deren Bedeutung sich nur vor dem Hintergrund erlebter Unternehmensgeschichte erschließt. Gerade in Organisationen mit langer Geschichte und ausgeprägten Traditionen bildet sich ein eigener Code heraus, den nur Eingeweihte verstehen. Doch sind viele Führungskräfte der Meinung, sich damit nicht vertraut machen zu müssen. Sie sehen ihre Ansprechpartner in ihren Beratern, in Finanzkreisen sowie in Verbänden und Politik und verwenden die dort eingeübte Sprache auch in der Kommunikation mit ihren Mitarbeitern. Diese antworten in ihrem »Firmendialekt«, den im schlimmsten Fall die Unternehmensführung wiederum nicht versteht. Genau darin liegt das Dilemma: Topmanagement und Belegschaft sprechen zwei unterschiedliche Sprachen; ihr Idiom unterscheidet sich – und letzten Endes sind beide Beteiligten brüskiert aufgrund der gegenseitig unterstellten Ignoranz.

Die Sprache des Unternehmens lernt der CEO, indem er mit den Menschen im Unternehmen spricht – mit möglichst vielen, in allen Bereichen, auf allen Hierarchieebenen. Das nimmt natürlich Zeit in Anspruch, aber diese Zeit ist gut investiert. Keine Benchmark- oder Best-Practise-Studie, keine Mitarbeiterbefragung oder Auswertung von Fokusgruppen können Erfahrungsprozesse im eigenen Konzern oder Unternehmen ersetzen. Die Sprache des Unternehmens kennen hilft, Stimmungen wahrzunehmen und einzuschätzen. Die Sprache des Unternehmens sprechen hilft der schnellen, unmittelbaren Verständigung. Dieser einfache Zusammenhang wird oftmals unterschätzt oder schlimmer: komplett ignoriert.

Alle Formate nutzen

Je größer das Unternehmen, desto seltener hat das Topmanagement Gelegenheit, Mitarbeiter oder Führungskräfte persönlich anzusprechen. Selbst wenn sich der CEO auf »Roadshow« zu den verschiedenen Standorten begibt, bleibt seine Anwesenheit ein Ausnahmeereignis. Deshalb empfiehlt es sich,

Anlässe für die direkte Begegnung zwischen CEO und Belegschaft zu schaffen. Sporadische Begegnungen reichen nicht, um deutlich zu machen, dass Vorstand und Geschäftsführung klare Vorstellungen von der Zukunft des Unternehmens, ihren Aufträgen und den zu erreichenden Zielen haben und diese auch glaubwürdig vermitteln. Es bedarf dazu der Gelegenheit zu direkter Kommunikation ebenso wie einer kontinuierlichen Präsenz in den verschiedenen Unternehmensmedien: von E-Mails über Mitarbeiterbriefe des Vorstands, Kommentare in Mitarbeiterzeitungen bis hin zu Stellungnahmen in Intranet-Foren. Bei der Wahl des Mediums ist darauf zu achten, dass die Verlautbarungen des CEO von den adressierten Zielgruppen tatsächlich wahrgenommen werden können. Das klingt banal, doch Nachrichten über Intranet und E-Mail zu versenden, ist beispielsweise nur dann adäquat, wenn sämtliche Mitarbeiter Zugriff darauf haben und diese Medien auch nutzen. Ansonsten ist es ratsam, auf scheinbar antiquierte Formate wie die gedruckte Mitarbeiterzeitung oder den Mitarbeiterbrief zurückzugreifen.

Nokia musste sich einer solchen Herausforderung stellen. Selbst dort hat man festgestellt, dass die Kommunikation über E-Mail und Intranet an den Mitarbeitern in der Produktion vorbeigeht. »Die Leute dort sprechen eine ganz andere Sprache«[15], sagt Birgit Opladen, die für die europaweite Kommunikation bei Nokia verantwortlich ist. Statt elektronische Medien zu nutzen, setzt man auf das persönliche Gespräch. »Jeder Bereichsleiter mit Personalverantwortung musste sich deshalb vor seine Leute stellen und sagen, was Sache ist«, erklärt *brand eins* das neue Modell. »Er musste zuhören. Er musste die Quartalszahlen so erklären, dass sie jeder verstand.« Das Modell bewährte sich. »Seitdem hat die Kommunikationspolitik bei Nokia nur ein Ziel: das direkte Gespräch zwischen Mitarbeiter und Vorgesetztem, quer durch die Hierarchie, die möglichst flach gehalten wird.«[16]

Zum Erzähler werden

In turbulenten Phasen wächst die Sehnsucht nach Führung. Komplexität wird reduziert durch Bezug auf Führungspersönlichkeit. Das verheißt Hoffnung auf Verlässlichkeit, Integrität, Glaubwürdigkeit – wichtigste Voraussetzungen für die Schaffung von Identifikation. Also muss der Vorstand das Orientierungsbedürfnis ernst nehmen. Und zwar, weil es von höchstem geschäftlichen Interesse ist, dass alle Prozesse im Unternehmen reibungslos und ungestört weiterlaufen. Desorientierung schafft Unruhe, Ablenkung und Abkehr. Kunden, Führungskräfte und Mitarbeiter erwarten verständliche Erklärungen, weil nur sie den Zusammenhang mit ihrem Geschäfts- und Lebensalltag herstellen können. Sie wollen nicht nur Visionen und Präsentationen von Geschäftsmodellen, sondern Lesehilfen, Aussagen über die Bedeutung von unternehmerischen Entscheidungen – also Kontext. Der muss thematisiert werden, wenn breite Akzeptanz und noch höheres Engagement gefordert sind.

Der CEO erklärt die Welt. An seinen Aussagen, an seiner Deutung orientieren sich Führungskräfte und Belegschaft. Er überlässt die Interpretationshoheit nicht seinen Führungskräften, sondern übernimmt selber eine aktive Kommunikationsrolle. Das verlangt nach Auseinandersetzung: mit Inhalten, mit Sprache, mit Rhetorik.

Der CEO wird in dieser Rolle zum Erzähler. Er erzählt die Geschichte des Unternehmens. Das hat ein wenig auch mit Vergangenheitsbewältigung zu tun, umfasst aber vor allem die Zukunftsperspektive. Die so genannte »Corporate Story« bezeichnet das Format. Hier werden die Deutungsmuster der unternehmerischen Entwicklung gewissermaßen erzählbar ausgebreitet – keine PowerPoint-Verdichtung, keine sinnentleerten Schlagworte, keine isolierten, kalten Zahlen. Im Dialog mit Führungskräften und Mitarbeitern kommt es dann darauf an, die Erzähllinien mit seinen subjektiven Wahrnehmungsebenen zu verbinden. Der CEO erzählt von eigenen Erlebnissen und Anschauungen, von seiner Interessenlage und erläutert seine persönlichen Erkenntnisse. Damit schlägt er die Brücke vom Unternehmen zu den Menschen und schafft die Voraussetzung, Führungskräfte und Mitarbeiter für sich einzunehmen und auf seine Vorhaben zu verpflichten.

Die Wechselwirkung zwischen externer und interner Kommunikation berücksichtigen

Das ist gar nicht so einfach, aber sehr wichtig. Die Berichterstattung gegenüber Wirtschaftsmedien erfolgt in Inhalt und Duktus nach eingeübten Formeln und Schlagworten. Die Verständigung läuft leicht – in dieser Community. Doch was hier gut ankommt und auf Akzeptanz trifft, kann bei internen Zielgruppen auf Unverständnis stoßen und zu Widerstand führen. Insofern müssen vor allem in Phasen erhöhter Sensibilität alle externen Verlautbarungen in Sprache und Inhalt auf ihre interne Wirkung hin überprüft und gegebenenfalls justiert werden. Das gilt umso mehr, als viele Printpublikationen und TV-Formate primäre Informationsquelle für Mitarbeiter und Führungskräfte sind. Die *Bild-Zeitung*, das *manager magazin* und TV-Talkshows sind dabei die anschaulichsten Beispiele. Das lässt sich aber auch nutzen. So gelang es beispielsweise dem ehemaligen KarstadtQuelle-Chef Christoph Achenbach, sich mit seinem Auftritt in der Sendung von Sabine Christiansen auf dem Höhepunkt der Karstadt-Krise Anfang Oktober 2004 via Fernsehschirm direkt an die Mitarbeiter zu wenden. Ein geschickter Schachzug, zumal Achenbach mit seiner Forderung nach Mehrarbeit für gleiches Geld den Ernst der Lage deutlich machte und auf die prekäre Lage einstimmte.

Anmerkungen

1 Sywottek, C.: »Die Vertrauensfrage«, in: *brand eins*, Nr. 06/2005, S.72-77, hier S.73

2 Georgs, C.: »Züngelnde Flammen«, in: *Wirtschaftswoche*, 22.03.2001

3 Sywottek, C.: »Die Vertrauensfrage«, in: *brand eins*, Nr. 06/2005, S.72-77, hier S.73

4 Booz Allen Hamilton/The Aspen Institute: Deriving Value from Corporate Values, New York 2005

5 vgl. Deekeling/Barghop 2003, S.86

6 Sennett 2005, S.53

7 vgl. Dudenredaktion (Hrsg.) 2001, S.589

8 vgl. Deekeling/Barghop 2003, S.91

9 o.V.: »Wer sind die einflussreichsten Deutschen und warum?« in: *Süddeutsche Zeitung*, 02.05.2006

10 Klöpfer, I.: »Der Menschenfänger«, in: *Frankfurter Allgemeine Sonntagszeitung*, 31.07.2005

11 ebd.

12 Machiavelli 1955, S.71

13 vgl. Eckhardt, J.: »Spiel, Satz und Sieg Hurd«, in: *Handelsblatt*, 31.03.2005

14 zit. n. Smolka, K. M.: »Kautschuk-Manager in Aufbruchstimmung«, in: *Financial Times Deutschland*, 19.07.2004

15 zit. n. Sywottek, C.: »Die Vertrauensfrage«, in: *brand eins*, Nr. 06/2005, S.72-77, hier S.75

16 ebd.

Kapitel 5

Vorsicht, ZK-isierung!

>One company, one voice« – was bei der Krisen- und Kapital-
marktkommunikation erstes Gebot ist, wird im Alltagsgeschäft schnell zur Falle. One Voice fördert ZK-isierung: Bürokratie und Überregulierung hemmen die Unternehmenskommunikation. Nur eine geordnete Vielstimmigkeit ermöglicht
es, in einem komplexen und sich rasch wandelnden Umfeld angemessen zu agieren.

Die neue Bedrohung kommt aus dem Internet: Weblogs – kurz auch Blogs genannt – können für Unternehmen zur Gefahr werden. Bis zu 200 000 solcher privater Meinungsseiten soll es allein in Deutschland geben, schätzen Insider. Sie changieren zwischen öffentlichem Tagebuch und privatem Meinungsportal. Hier schildern und kommentieren die so genannten Blogger ihren Alltag und ihre Lebenswelt – und äußern sich damit auch zu Unternehmen, ihren Produkten und Strategien. Weil Weblogs stark vernetzt sind, kann sich unterhalb der Schwelle öffentlicher Aufmerksamkeit eine Meinungswelle entwickeln, die, wenn sie an die Öffentlichkeit tritt, bereits so mächtig geworden ist, dass sie zu einer ernsten Gefahr für die Unternehmenskommunikation werden kann. »Die Macht der neuen Meinungsmacher sollte man nicht unterschätzen«[1], warnt Klaus Eck, Geschäftsführer eines auf Weblogs spezialisierten Beratungsunternehmens.

Zu spüren bekam die neue Macht das Berliner Telekommunikationsunternehmen Jamba, das vor allem als Verbreiter von Handy-Klingeltönen und Werbespots bekannt wurde. Vor allem im Jahr 2005 wurden Klingeltöne zu einem Medienthema, und meist stand dabei Jamba im Mittelpunkt – nicht nur wegen des Werbefeldzugs, den das Unternehmen auf verschiedenen Musikkanälen führte, sondern auch wegen seiner Geschäftspolitik gegenüber seiner meist minderjährigen Kundschaft. Bald häuften sich Berichte über unlautere Geschäftsmethoden. Plötzlich stand Jamba in der Kritik.

Maßgeblichen Anteil daran hatte der Berliner Johnny Häusler, der ein Weblog namens »Spreeblick« herausgibt. Darin publizierte er Mitte Dezember 2004 eine launige Geschichte, die im Stil der »Sendung mit der Maus« den »lieben Kindern« das Geschäftsmodell von Jamba erklärte. Die Jamba-Gründer, so heißt es dort, hätten sich »was ganz Tolles ausgedacht: Sie tun einfach nur so, als ob sie euch einen Klingelton verkaufen, in Wirklichkeit aber verkaufen sie euch ein immer weiter laufendes Abonnement für ganz viele Klingeltöne.«[2] Das traf. Andere Blogger klinkten sich ein, Selbsttests erschienen, zahlreiche Betroffene machten ihrem Ärger in wütenden Kommentaren Luft und binnen kurzer Zeit schoss der Beitrag im Google-Ranking ganz nach oben. Unversehens stand Jamba am Pranger der Blogger-Community. Besonders peinlich für die Firma: Als sich in den Blogs auf einmal betont Jamba-freundliche Kommentatoren zu Wort meldeten, stellte sich heraus, dass diese Beiträge sich alle zu ein- und demselben Internet-Rechner zurückverfolgen ließen – und der stand bei Jamba selbst. Es waren Mitarbeiter der Firma, die sich für ihren Brötchengeber in die Bresche geworfen hatten – aus eigenem Antrieb, wie der Sprecher des Unternehmens betonen musste.[3]

Ob das Unternehmen davon gewusst hatte oder nicht, sei dahingestellt – das Beispiel zeigt, dass sich die Rahmenbedingungen für die Unternehmenskommunikation gewandelt haben. Zum einen lösen sich in Zeiten von E-Mail, Internet und Handys, die den Versand von Kurz- und Bildnachrichten ermöglichen, die Grenzen zwischen innen und außen auf. Informationen, die bislang im Verborgenen gehalten werden konnten, finden heute wesentlich einfacher und schneller den Weg an die Öffentlichkeit. Der zweite Punkt: Wie das Weblog-Beispiel zeigt, verbreiten sich Informationen in vernetzten Communities mit rasender Geschwindigkeit. Die Unternehmenskommunikation muss also in der Lage sein, sehr schnell handeln zu können. »Wird über das eigene Produkt geschrieben, sollte das Unternehmen sofort reagieren«[4], rät Ulrich Nies, Präsident der Deutschen Public Relations Gesellschaft. Ein Blogmonitoring soll seiner Empfehlung nach die traditionelle Medienbeobachtung ergänzen. Sinn macht das aber nur, wenn die Entscheidungsstrukturen tatsächlich schnelles und flexibles Handeln ermöglichen. Langwierige Abstimmungsprozeduren und zentralisierte Strukturen aber machen das unmöglich. In bürokratischen Organisationen mit zentralisierter Verantwortung ist zudem die Wahrscheinlichkeit groß, dass die Dringlichkeit und Relevanz mancher Probleme nicht rechtzeitig erkannt wird. In vielen Unternehmen haben sich in der Kommunikation solche bürokratischen Strukturen etabliert. Der Grund: Was sich in der Finanz- und in der Krisenkommunikation als richtig erwiesen hat, wurde zum Grundsatz für die Kommunikation insgesamt erhoben: »one company, one voice!« Doch führt eine konsequente One-Voice-Policy zur ZK-isierung des Denkens. Im folgenden Abschnitt wollen wir zeigen, warum das so ist.

Die One-Voice-Falle

In Krisensituationen wurde es schon vielen Unternehmen zum Verhängnis, wenn unterschiedliche Stellen mit unterschiedlichen Stellungnahmen an die Öffentlichkeit gingen. »One Voice«, mit einer Stimme zu sprechen, gilt daher als oberste Regel für die Gestaltung der Unternehmenskommunikation in Krisensituationen. Dann ist es unabdingbar, den Informationsfluss zu kanalisieren und klar zu definieren, wer für das Unternehmen spricht. Ähnliches gilt für die Kommunikation mit der Financial Community. Denn ein Unternehmen kann nicht »in New York etwas anderes als in Frankfurt sagen«, um noch einmal das Zitat von Josef Ackermann aufzugreifen. Die Financial Community tickt überall auf dem Planeten ähnlich, zudem unterliegt die Veröffentlichungspraxis zahlreichen rechtlichen Vorschriften. Hier ist eine reglementierte Kommunikation also Pflicht. Beispiel BASF: Der deutsche Chemiegigant legt großen Wert auf eine klare One-Voice-Policy in der Kapitalmarktkommunikation. Sie verhindere, dass widersprüchliche Aussagen zu Irritationen in der externen Kommunikation führten, begründet eine Unternehmensbroschüre diese Praxis: »Damit alle im Unternehmen mit ›einer Stimme‹ sprechen, weil ansonsten die Gefahr von Missverständnissen und Spekulationen entsteht und eine bewusst lancierte Kommunikationsstrategie unter Umständen konterkariert wird.«[5] Also wendet sich BASF nur mit sorgfältig abgestimmten, strikt an der Vermittlung einheitlicher Botschaften orientierten Informationen an die Öffentlichkeit. Ein ausgeklügeltes System legt fest, welche Nachrichten veröffentlicht werden dürfen und welche nicht, in welcher Reihenfolge welche Plattformen zu bedienen sind und wer für welchen Schritt zuständig ist. Wobei BASF One Voice auf die Finanzkommunikation beschränkt.

Soweit, so richtig. Das Motto »one company, one voice« wurde jedoch in den letzten Jahren über die Krisen- und Kapitalmarktkommunikation hinaus zunehmend zu einem Standardrezept für die Unternehmenskommunikation. Warum solle in der Regelkommunikation falsch sein, was sich bei der Finanz- und Krisenkommunikation bewährt hatte? Gleiche Botschaften in Frankfurt, New York und Tokio, das klingt plausibel. One Voice entwickelte sich zum Standardparadigma der Unternehmenskommunikation und gilt seitdem als hohe Kunst der Kommunikationspraxis. Vom Corporate Wording bis hin zu konkreten Formulierungsvorschlägen für alle denkbaren Anlässe und Gelegenheiten versuchen die Kommunikationsplaner, die Unternehmenskommunikation auf einheitliche Standards zu verpflichten. Feste Regeln sollen das Unternehmen vor unliebsamen Überraschungen schützen und im Themengewirr der öffentlichen Meinung einen sicheren Kurs garantieren. Viele Kommunikationsmanager versprechen sich davon eine Entlastung und Erleichterungen für den Alltag.

Doch die Hoffnung trügt. Die kühne Idee, den Strom öffentlicher Meinung zu kanalisieren und beherrschbar zu machen, ist zum Scheitern verurteilt. Die Wirklichkeit erweist sich als zu komplex für ein so einfach gestricktes Konzept. Das zeigt gerade das Beispiel Josef Ackermanns, an das hier nochmals erinnert werden soll: Ackermann, entschiedener Verfechter einer One-Voice-Policy, rückte eben deshalb ins Zentrum einer Skandalisierungskampagne, weil er zwar die Analysten an den weltweiten Finanzplätzen im Auge hatte, nicht aber die breitere Öffentlichkeit, die eben keineswegs global ist, sondern in unterschiedlichen Ländern ganz spezifische Besonderheiten aufweist. So waren die Reaktionen auf Ackermanns Bilanzpressekonferenz im Februar 2005 an den Finanzplätzen London und New York teilweise euphorisch, während die deutsche Presse, wie geschildert, entsetzt reagierte. Den internationalen Markt der Meinungen, den viele Verfechter dieses Konzepts als schlagenden Grund für One Voice anführen, gibt es also nicht.

Für die Regelkommunikation ist One Voice der falsche Ansatz. Denn dieses Konzept wird weder der heutigen Dynamik des Umfelds gerecht, in dem Unternehmen agieren, noch den unterschiedlichen Zielgruppen, die nach einer differenzierten Kommunikation verlangen. One Voice blendet die Adressaten aus und bedient einen fiktiven »globalen Meinungsmarkt«, den es indes nicht gibt. One Voice ist zu starr für ein dynamisches Umfeld, zu bürokratisch für flexible, flache Organisationen und führt letztlich zur Überregulierung und zur Verschwendung von Ressourcen. Hinter diesem Konzept steckt die technokratische Vorstellung von der grundsätzlichen Planbarkeit sozialer Prozesse – der Wahn, alles regeln und kontrollieren zu können. Doch das erweist sich als Fiktion. Wenn sich in der Entwicklung der natürlichen wie der sozialen Welt ein grundlegendes Gesetz entdecken lässt, dann ist es die Zunahme von Komplexität. Schon auf dieser ganz allgemeinen Ebene gaukelt One Voice somit ein falsches Bild der Wirklichkeit vor. Die ist komplex und vielschichtig und entzieht sich grundsätzlich dem planerischen Zugriff. Die Vision einer Planbarkeit der Wirklichkeit erweist sich als strukturell unangemessen.

Fataler noch sind die Folgen für die interne Organisation: Das technokratische Planbarkeitskonzept führt zu einer ZK-isierung der Strukturen und des Denkens. Bürokratisierung und Überregulierung der Kommunikation sind die notwendigen Folgen dieser Idee. Sie fördert Abschottung, Tabuisierung von heiklen Themen (»Issues«) und führt in letzter Konsequenz zum Verlust der Realitätswahrnehmung.

Eine Zentralisierung der Steuerung eines Systems ist einer komplexen Umwelt nicht angemessen. Auf diesen Umstand hat der Zukunftsforscher Pero Miçiç in einem Interview mit dem Online-Magazin *changeX* hingewiesen: »Es gibt ein systemisches Gesetz, nach dem ein System so komplex sein muss, wie seine Umwelt komplex ist. Das erreicht man nicht, indem wenige Gehirne etwas steuern. Man kann es fast mit Rechenleistung erklären. Ein Zentralkomitee hat nicht genügend Rechenleistung, um eine Nation steuern zu können.«[6] Das trifft auf Nationen ebenso zu wie auf Organisationen. Die Vorstellung einer technokratischen Steuerung ist eine Illusion, zumal in Zeiten, da die Komplexität drastisch zunimmt. Zunehmende Komplexität war auch der entscheidende Grund für die Entstehung von Teamarbeit, wie Kurt Buchinger, Professor für Organisationsberatung an der Universität Kassel, betont: »Weil niemand den Überblick hat, muss man gemeinsam in Unsicherheit entscheiden. Das funktioniert besser, weil die Teams selbst Informationen erzeugen, also treffsicherer sind als ein Einzelner.«[7] Dieses Modell einer hierarchiefreien Teamarbeit funktioniert aber nur, wenn nicht verordnete Sprachregelungen und Sprechverbote den freien

Austausch der Meinungen behindern. Die Folge reglementierter Kommunikation ist nämlich, dass nur noch gesagt wird, was erwünscht ist – wie in der bereits erwähnten Geschichte von des Kaisers neuen Kleidern. Die Vermeidung von Kritik – meist eine Folge dessen, dass sie vom Management als lästig, störend oder »nicht zielführend« betrachtet wird – ist ein erster Schritt hin zu einer Kommunikationskultur, die nicht nur das interne Klima belastet, sondern die bestmögliche Leistung verhindert – sei es die eines einzelnen Mitarbeiters, eines Teams, einer Abteilung bis hin zum Unternehmen als Ganzem. Denn es braucht den kritischen Dialog, den oftmals beschworenen herrschaftsfreien Diskurs, um unternehmerisch die beste Entscheidung finden und treffen zu können. Deshalb ist es die vorrangige Aufgabe des CEO, diesen kritischen Dialog zu ermöglichen, diesen offenen Kommunikationsraum zu schaffen. Das bedeutet, zu Meinung und Widerspruch anzuregen, ja diesen zu fordern und zu belohnen. Der Teamleader muss die Voraussetzungen schaffen, dass das Team als Form der Organisation verteilter Intelligenz arbeitsfähig wird. Deshalb ist hier der Vorstandsvorsitzende in einer besonderen Pflicht: Er kann sich zum ZK-Vorsitzenden aufschwingen, aber er darf dies nicht tun, wenn er seine Organisation zu Spitzenleistungen führen will.

Wo dieses Verständnis fehlt, sind falsche Einschätzungen und Entscheidungen die – beinahe notwendige – Folge. Hierarchische Entscheidungsstrukturen blockieren den offenen Austausch von Meinungen und verhindern, dass alle Argumente auf den Tisch kommen – sei es aus Angst, Rücksichtnahme oder falsch verstandener Loyalität. Verdeutlichen lässt sich dies am Beispiel der Kubakrise – jenem folgenschweren Entschluss des Präsidenten John F. Kennedy aus dem Jahr 1961, mittels einer von der CIA gestützten Invasion von Exilkubanern in der Schweinebucht die Revolutionsregierung Fidel Castros zu stürzen. Das misslang bekanntlich – und Kennedys spätere Bemerkung »How could we have been so stupid?« dient heute am Massachusetts Institute of Technology als Beispiel in Vorlesungen über Entscheidungstheorie. Für John S. Carroll, Professor of Behavioral and Policy Sciences an der Sloan School of Management am MIT, liegen die Gründe auf der Hand: »Access to information and dissent was systematically cut off. Information was readily available to disconfirm the assumptions of the plan.« Und nicht zuletzt dachten Zweifler im Beratergremium des Präsidenten, sie stünden allein: »Doubters thought they were the only ones.« Kurzum: Obgleich grundsätzlich verfügbar, lagen Informationen nicht auf dem Tisch, kamen Zweifel nicht zur Sprache – und die Entscheidung führte ins eigentlich absehbare Desaster.

Was für Führung allgemein gilt, das gilt gleichermaßen für Kommunikation – insbesondere für CEO-Kommunikation. Auch hier erweist sich eine komplexe, auf mehrere Köpfe verteilte Organisationsstruktur einer komplexen Umwelt wesentlich besser angepasst als eine zentralisierte One-Voice-Praxis. Eine organisierte Vielstimmigkeit ist flexibler, dynamischer und zielgruppenorientierter. One Voice ist ein Instrument zur Disziplinierung speziell in Krisensituationen und in der Kommunikation mit dem Kapitalmarkt. Von der »Wunderwaffe« One Voice gilt es sich also zu verabschieden. Der Kontext, in dem Unternehmenskommunikation sich heute bewegt, ist deutlich zu komplex, als dass man ihm mittels eines so vereinfachenden Ansatzes gerecht werden könnte. Im Folgenden wollen wir die Fallen beschreiben, in die eine zu kategorische Vereinheitlichung der Kommunikation führen kann.

Die Bürokratisierungsfalle: Der Zwang zur Einheitlichkeit begünstigt genau das, was viele Wirtschaftsführer bemängeln, wenn es um den Standort Deutschland geht: Inflexibilität und Bürokratie, schwerfällige Entscheidungen. Eine konsequent durchgeführte One-Voice-Policy erfordert detaillierte Regelwerke, Leitlinien und Ausführungsbestimmungen. Und wo es Regeln gibt, braucht es Verantwortliche, die deren Einhaltung kontrollieren und Regelverstöße gegebenenfalls sanktionieren. Das Ergebnis ist Bürokratie. Die Folge: Der Aufwand für Abstimmungen und Freigaben wächst, es kommt zu Reibereien zwischen den Ressorts um die Zuständigkeit, unter dem bürokratischen Aufwand leidet die inhaltliche Arbeit. Die komplexen Issues-Management-Konstrukte, auf die sich viele Konzerne eingelassen haben, erschweren zudem vielfach die Arbeit, anstatt sie zu erleichtern. Im schlimmsten Fall gelingt es nicht einmal mehr, die wirklich relevanten Themen zu identifizieren – weil alle Verantwortlichen vor allem damit beschäftigt sind, ihr Vorgehen abzusichern. Letztlich werden sinnlos Ressourcen gebunden und unnötig Budgets verschleudert.

Die ZK-isierungsfalle: Die Bürokratie begünstigt eine Kultur, in der die Übernahme von Verantwortung zum Risiko wird, ein bequemes Verstecken hinter Paragraphen dagegen zum Karrierevorteil. Ohne dass der CEO es beabsichtigt, mündet eine konsequent gehandhabte One-Voice-Policy in eine weitgehende Gleichschaltung. Dann scheitern schon kleinste Abweichungen von der Konzernlinie am Veto der Einheitlichkeits-Kommissare. In letzter Konsequenz führt One Voice zur ZK-isierung des Denkens in der Unternehmenskommunikation. Wegen dieser aufwändigen Abstimmungsprozeduren wird die Unternehmenskommunikation zu einem schwerfälligen Instrument. Dies passt nicht zu den Anforderungen eines agilen, schnell auf Marktveränderungen reagierenden Unternehmens und ist den Anforderungen, die sich an die Unternehmenskommunikation richten, strukturell nicht angemessen. Gerade zu Unternehmen, die ein dezentrales Unternehmertum und Eigenverantwortlichkeit als Führungsphilosophie praktizieren, passt eine rigide One-Voice-Policy nicht.

Die Skandalisierungsfalle: Hinzu kommt die kommunikative Außenwirkung. Verfechter des One-Voice-Dogmas plädieren für eine konsequente Standardisierung bis hinunter zur kleinsten Einheit, dem einzelnen Wort. Doch das führt – ebenso wie der bereits angesprochene Managementjargon – zu einer schleichenden Sprachverarmung. Das Unternehmen wird versprachregelt. Am Ende entstehen Verlautbarungen voller Leerformeln und Banalitäten, in die Mitarbeiter oder Journalisten hineininterpretieren können, was ihrer Erwartungshaltung entspricht. Letztlich schürt mangelnde inhaltliche Präzision Misstrauen. Interne und externe Meinungsbildner vermuten Alarmierendes hinter nichtssagenden Formulierungen und verbreiten ihre Interpretation, wo die abgestimmte Konzernverlautbarung auf eine eigenständige Bewertung verzichtet.

In Konzernstrukturen, die auf ein effizientes Zusammenspiel zwischen Holding und dezentralen Einheiten angewiesen sind, begünstigt die reine Lehre der Einheitlichkeit zudem Entfremdungstendenzen zwischen Zentrale und Gruppengesellschaften. Greift die Holding zu stark in deren Kommunikationsarbeit ein, fühlen diese sich entmündigt. Denn auch die Teilkonzerne und ihre Vorstände müssen sich über Themen positionieren, haben aber in einem One-Voice-Modell meist nicht den nötigen Freiraum hierzu.

Die Globalisierungsfalle: Man sollte annehmen, dass einheitliche Botschaften gerade in multinationalen Konzernen besonders nützlich sind. Aber genau hier stößt One Voice schnell an Grenzen. So kommt eine im Jahr 2005 veröffentlichte Studie des Lehrstuhls für Kommunikationswissenschaft der Universität Hohenheim zu dem Ergebnis, »dass eine weltweite Standardisierung aller Aspekte der Unternehmenskommunikation weder möglich noch sinnvoll sein kann. Zu unterschiedlich sind die einzelnen Länder, [...] zu groß die kulturellen Unterschiede der einzelnen Bezugsgruppen.«[8] Um eine möglichst genaue Ansprache der unterschiedlichen Zielgruppen zu gewährleisten, sei deshalb eine Anpassung der Kommunikation an lokale Besonderheiten unabdingbar, folgert die Studie, der eine qualitative Befragung multinationaler Unternehmen zugrunde liegt. Die Autoren weisen darauf hin, dass eine grenzüberschreitende konsistente One-Voice-Policy nicht zentralistisch durchgesetzt werden kann. Es bedürfe vielmehr der richtigen Balance zwischen globaler Steuerung und damit einheitlichen Botschaften einerseits und einer an lokale und regionale Gegebenheiten angepassten Umsetzung andererseits. Blendet der CEO regionale Besonderheiten oder Erwartungshaltungen einzelner Standorte aus, kann dies zu gravierenden Wahrnehmungsproblemen führen.

Die Wortwörtlich-Falle: Viele international agierende Unternehmen befürchten, dass zentrale Botschaften durch lokale Adaptionen verwässert werden könnten. Deshalb müssen Presseinformationen – in welchem Land auch immer sie veröffentlicht werden – wortwörtlich das Original wiedergeben. Dabei wird jedoch übersehen, dass sich die Kommunikationskulturen in unterschiedlichen Ländern oft erheblich unterscheiden, nicht nur im Hinblick auf die öffentliche Wahrnehmung, sondern auch auf die Gepflogenheiten in der Kommunikation. Zum Beispiel sind Presseinformationen in den USA stärker werblich ausgerichtet als hierzulande. In einer wörtlichen Übersetzung würden sie in deutschen Redaktionen schnurstracks in den Papierkorb wandern. Stattdessen gilt es, die lokalen Gepflogenheiten zu beachten und die richtige Tonalität zu treffen. Eine klare Absage an eine zentralisierte Unternehmenskommunikation.

Die Erwartungsfalle: Wer erwartet, das öffentliche Meinungsbild über ein Unternehmen beherrschen zu können, wird enttäuscht werden. One Voice fördert aber eine solche Erwartungshaltung. One Voice suggeriert Richtigkeit und Eindeutigkeit und nährt die Erwartung, Kommunikation sei beherrschbar. Doch das ist eine große Illusion – die Realität sieht anders aus, zu vielschichtig sind die Mechanismen öffentlicher Meinungsbildung. One Voice funktioniert weder am Küchen- noch am Stammtisch, wenn Mitarbeiter über ihre persönlichen Erfahrungen im Unternehmen sprechen. One Voice funktioniert nur sehr bedingt bei den Arbeitnehmervertretern, deren Pflicht es ist, sich für die Interessen der Belegschaft einzusetzen und die Argumente der Unternehmensführung öffentlich zu hinterfragen. One Voice funktioniert nur bedingt bei Kunden, die Unternehmen vor allem daran messen, ob sie sich mit ihren eigenen Bedürfnissen ernst genommen fühlen. Gleiches gilt für NGOs, die andere ethische oder ökologische Maßstäbe anlegen als die Mehrheit der Unternehmen. Ebenfalls nur bedingt funktioniert das Konzept bei Journalisten, die schon von Berufs wegen nach dem Haken in der vollmundigen Unternehmensprosa fahnden.

Die Botschaften-statt-Antworten-Falle: Eine One-Voice-Strategie birgt die Gefahr, dass Kommunikation zur Einbahnstraße wird. Effektive Kommunikation kann jedoch nur im Dialog ihre Glaubwürdigkeit entfalten. Dies erfordert einen ständigen Austausch zwischen Sender und Empfänger und ein Eingehen auf unterschiedliche Bedürfnisse. Je größer die Bedeutung einer Entscheidung ist, desto weniger geben sich die Zielgruppen der Unternehmenskommunikation mit allgemeinen, übergreifenden Botschaften zufrieden. Spezifische Antworten auf spezifische Fragen sind gefordert. Gerade das aber kann One Voice grundsätzlich nicht leisten, denn Vereinheitlichung ist gerade die entgegengesetzte Vorgehensweise und bedeutet auch immer Vereinfachung.

Auf den folgenden Seiten wollen wir Auswege aus der One-Voice-Falle aufzeigen. Es geht darum, die Voraussetzungen für eine geordnete Vielstimmigkeit zu schaffen.

Geordnete Vielstimmigkeit statt verordnetem Einerlei

Welchen Weg sollte der CEO also einschlagen, um den Fallen der One-Voice-Policy zu entgehen? Er muss ihren Einsatz klar auf die Finanz- und Krisenkommunikation beschränken. In der Regelkommunikation empfiehlt sich hingegen Gelassenheit und ein gewisser Mut zur Vielstimmigkeit. Zwar ist es wichtig, im Agenda-Setting-Prozess klare Botschaften zu definieren, doch darf der Wunsch nach Konsistenz nicht zu einer völligen Reglementierung des Sprachgebrauchs führen. One Voice kann nützlich sein, um Themen klar zu definieren und sich darüber zu verständigen, wer als Ansprechpartner für welche Fragen gilt. Der Zwang zur Installation von Abstimmungs- und Freigabeschleifen, möglicherweise noch über mehrere Hierarchieebenen hinweg, führt jedoch zum geschilderten Bürokratismus.

Ähnliches wie für eine One-Voice-Policy gilt auch für professionelles Issues Management, das früher eher als eine Form der Krisenkommunikation und -prävention angewendet wurde. Die meisten Issues-Management-Systeme scheitern an Überkomplexität und einer zentralistischen Vorgehensweise bei der Umsetzung in Konzernstrukturen. Dadurch werden wichtige Chancen vergeben. Denn Issues Management kann von großem Nutzen sein, wenn es flexibel gehandhabt wird, unterschiedliche Perspektiven verbindet und die Wechselwirkung zwischen interner und externer Kommunikation berücksichtigt.

Verstanden als Instrument, das es erlaubt, proaktiv Chancen zu identifizieren, hilft Issues Management bei der Durchsetzung von Strategie und Unternehmenszielen. Dabei stützt es sich auf Kernthemen, die direkt aus der Unternehmensstrategie abgeleitet werden. Sie werden gezielt gesteuert und aktiv an alle Stakeholder-Gruppen kommuniziert. Anders als Modelle, die sich zum Beispiel an der externen Vermittlung von Markenwerten orientieren, ist ein so verstandenes Issues Management in hohem Maße flexibel. Auf veränderte unternehmerische Rahmenbedingungen kann schnell reagiert werden, unternehmensrelevante Themen können wirkungsvoll vorangetrieben werden. Insbesondere für das Topmanagement lassen sich so notwendige Handlungsspielräume verteidigen und neu aufbauen. Issues Management gewinnt damit an strategischer Relevanz: Es wird von einer Nice-to-have-Maßnahme zu einem zentralen Kommunikationsinstrument mit hohem Managementbezug.

Neben der inhaltlichen Komponente hat Issues Management auch eine ordnungspolitische Funktion: Sie kommt vor allem in Konzernstrukturen zum Tragen, in denen häufig Reibungsverluste zwischen Konzernzentrale und operativen Gesellschaften auftreten. Haben diese dagegen Spielräume für eigene Themensetzung, kann dies dazu beitragen, den Zwiespalt zwischen Holding und dezentralen Einheiten zu überwinden – und eine angemessene Balance zwischen zentraler Steuerung und dem dezentralen Drang nach kommunikativer Autonomie zu finden. Durch einen gemeinsamen Arbeitsprozess, in dem Rollen definiert und Aufgaben verteilt werden, bekommt die Holding eine Impulsgeber- und Servicefunktion. Ihre Aufgabe ist es, Themenangebote zur Verfügung zu stellen, die der unternehmerischen Strategie entsprechen. Die operativen Gesellschaften können diese Themen für ihre jeweiligen Geschäftsfelder und lokalen Gegebenheiten adaptieren. So gelingt es, dass gruppenweit mit einer Stimme gesprochen wird, ohne aber die dezentralen Einheiten zu entmündigen, wie es bei einer rigiden One-Voice-Policy der Fall ist.

In der Praxis bietet sich dazu die Einrichtung von Communities an. Als informelle, bereichs- und länderübergreifende Netzwerke lösen sie zentrale Aufgabenstellungen gemeinsam. Das reduziert Überkomplexität in der Organisation und gewährleistet die notwendige Dynamik und Flexibilität, die für eine schnelle Themen- und Strategieadjustierung unverzichtbar ist. Professionelles Issues Management erhält durch seine inhaltlichen und ordnungspolitischen Komponenten eine strategische, erfolgskritische Funktion: Vor allem die strikte Ergebnisorientierung prädestiniert das Issues Management dazu, eine zentrale Rolle bei der Durchsetzung unternehmerischer Ziele zu übernehmen.

»Geordnete Vielstimmigkeit«, das klingt nach einem schwierigen Drahtseilakt. Im Folgenden geben wir deshalb einige praktische Hinweise, wie sich eine Balance zwischen einer sinnvollen – weil eingeschränkten – One-Voice-Policy und einer geordneten Vielstimmigkeit finden lässt:

Gelegenheiten schaffen für herrschaftsfreien Dialog

Auch hier fungiert der CEO als Rollenmodell. Herrschaftsfreie Kommunikation ist alles andere als normal in streng hierarchisierten Organisationen. Umso wichtiger, dass in komplizierten Entscheidungslagen Möglichkeiten geschaffen werden, Standpunkte und Ansichten zu äußern, ohne dass Rücksicht genommen wird auf politische Empfindlichkeiten oder hierarchische Ordnung. Jeder hat das Recht, mehr noch die Pflicht, seinen sachlichen Standpunkt zu vertreten und Lösungsvorschläge zu unterbreiten. Dafür muss allerdings Raum gegeben und eine entsprechende Atmosphäre geschaffen werden. Das ist wiederum die Aufgabe des großen Vorsitzenden, der nicht abkanzelt, wirklich zuhört, Gegenmeinung einfordert und bereit dazu ist, seine Ansichten zur Diskussion zu stellen. Der gezielt eingesetzte »herrschaftsfreie Diskurs« ermutigt zu harter Analyse, Durchdringung komplexer Sachverhalte, Widerspruch und Kreativität.

Die Unterdrückung oder Vermeidung von hierarchiefreiem Gedankenaustausch fördert ZK-isierung und damit die große Gefahr, Problemkonstellationen und Bedrohungslagen erst gar nicht wahrzunehmen oder zu ignorieren.

Einen Rahmen für geordnete Vielstimmigkeit geben

Statt doktrinäre Einstimmigkeit zu verlangen, sollte der CEO einen Rahmen für geordnete Vielstimmigkeit schaffen. Ebenso wie sich die Kommunikation an unterschiedlichen Stakeholdern und deren Interessen orientieren muss, darf sie durchaus auch intern unterschiedliche Denk- und Handlungsweisen widerspiegeln. Es wäre absurd, den Personalchef auf dasselbe Wording wie den Finanz- oder Produktionsvorstand festlegen zu wollen. Die Aufgabe des Vorstandsvorsitzenden – die er allein erfüllen kann, weil nur er den Gesamtüberblick hat – ist es, den Rahmen zu definieren. Im Zusammenspiel zum Beispiel zwischen Konzernführung und Gruppengesellschaften kann One Voice – wenn sie vorsichtig dosiert eingesetzt wird – eine wichtige ordnungspolitische Funktion erfüllen. Statt in Stein gemeißelte Sprachregelungen vorzugeben, stellt die Konzernkommunikation den operativen Gesellschaften Themenangebote zur Verfügung, die sich aus der kommunikativen Agenda des CEO ableiten. Die operativen Gesellschaften können diese Themen an ihre lokalen Gegebenheiten anpassen, werden also nicht bevormundet. In der Praxis empfiehlt sich vor allem für zentrale Aufgabenstellungen die Einrichtung informeller Netzwerke: Je nach Bedarf bereichs- und länderübergreifend organisiert, lösen sie wichtige Anforderungen gemeinsam, ohne dass institutionalisierte Gremien vonnöten sind. So bleibt die Organisation flexibel und kann den CEO wirksam bei der Durchsetzung seiner unternehmerischen Agenda unterstützen.

Den Geltungsbereich von One Voice klar definieren

Die Kapitalmarkt- und Krisenkommunikation ist unbestrittener Herrschaftsbereich des One-Voice-Modells: Hier ist Einstimmigkeit Pflicht! Was genau in den Geltungsbereich der One-Voice-Policy fällt, muss allerdings schon frühzeitig und klar definiert werden. Dazu gehören mit Sicherheit Veränderungen an der Unternehmensspitze, Ermittlungen gegen das Unternehmen, technische Störfälle oder hochsensible Phasen bei Unternehmenskäufen und -fusionen. Während diese Fragen recht eindeutig zu entscheiden sind, wird es bei öffentlichen Debatten, in die das Unternehmen involviert ist, schon schwieriger. Konkret gefragt: Wann ist Krise? Auch hierüber sollte man sich bereits im Vorhinein Klarheit verschaffen und festlegen, was in bestimmten Situationen konkret zu geschehen hat. Hierbei helfen Szenarien, die unterschiedlichen Fallbeispiele durchspielen, ganz erheblich.

Folgende Fragen gilt es im Einzelnen zu beantworten:

- Welche Themen unterliegen im Alltag der One-Voice-Policy?
- Welches Gremium legt diese Policy fest?
- Wer ist für die interne und externe Umsetzung verantwortlich?
- Wie erfolgt die Umsetzung in den nachgeordneten Gremien?
- Wann tritt der Ausnahmezustand ein?
- Welches Gremium legt in diesem Fall die Botschaften fest?
- Wer ist befugt, die Botschaften nach innen und nach außen zu kommunizieren?

Regeln für den Krisenfall festlegen

Ist der Krisenfall eingetreten, bleibt keine Zeit mehr für die Ausarbeitung von Plänen. Aufgabe der Kommunikation ist es jetzt, den Wahrnehmungsschaden möglichst gering zu halten. Voraussetzung dafür sind ein geordneter Informationsfluss und eine eindeutige Verteilung von Rollen und Zuständigkeiten. Entzieht der CEO sich in Krisenfällen der Verantwortung und taucht ab, können irreparable Reputationsschäden entstehen: Mitarbeiter und Öffentlichkeit erwarten, dass er gerade im Ernstfall Präsenz zeigt.

Im eigenen Interesse sollte er sicherstellen, dass dabei alle Gremien eingebunden sind – und auch der Aufsichtsrat sich nicht gegen die CEO-Agenda profiliert. In manchen Unternehmenskrisen der vergangenen Jahre sorgten Mitglieder der Kontrollgremien für zusätzlichen Zündstoff. Erinnert sei an die unbedachten Äußerungen, mit denen der Aufsichtsratsvorsitzende der Deutschen Börse AG, Rolf E. Breuer, den Konflikt mit den angelsächsischen Hedge-Fonds anheizte, oder das Gezerre, das sich im Frühjahr 2006 um die Vertragsverlängerung für VW-Chef Pischetsrieder entwickelte – nicht zuletzt deshalb, weil der Aufsichtsratsvorsitzende Ferdinand Piëch sich nicht eindeutig vor seinen Vorstand stellen wollte. Kein Einzelfall. Das Fachblatt *werben & verkaufen* konstatierte mit Blick auf einige Kommunikationskrisen deutscher Konzerne im Jahr 2005: »Oft sorgen die Aufsichtsräte für zusätzlichen Zündstoff. Sie setzen die Akzente in den Affären.«[9] Um solche Pannen zu verhindern, muss der CEO auf klare Sprach- und Verfahrensregeln drängen – innerhalb des Vorstands, zwischen Vorstand und Aufsichtsrat sowie zwischen Vorstand, Aufsichtsrat und Unternehmenskommunikation. Grundsätzlich gilt: In der Krise ist die Kommunikation Sache des Vorstandsvorsitzenden – CEO-Kommunikation.

Auch Aufsichtsräte sollten wissen: Manchmal ist es besser zu schweigen. Das ist das Thema des folgenden Kapitels.

Anmerkungen

1 zit. n. Behringer, L.: »Die Macht der neuen Meinungsmacher«, in: *Süddeutsche Zeitung*, 10.03.2006

2 Häusler, J.: »Jamba Kurs«, 12.12.2004, http://www.spreeblick.com/2004/12/12/jamba-kurs/

3 vgl. Bilger, O.: »Berliner löst Proteststurm gegen Jamba aus«, *Der Tagesspiegel online*, 07.01.2005 http://archiv.tagesspiegel.de/archiv/07.01.2005/1577873.asp#

4 zit. n. Behringer, L.: »Die Macht der neuen Meinungsmacher«, in: *Süddeutsche Zeitung*, 10.03.2006

5 Moll, M.: »One Voice Policy auf dem Kapitalmarkt«, Broschüre herausgegeben von BASF, http://www.corporate.basf.com/basfcorp/img/investor/cg/BASF_One_Voice_Policy_d.pdf?MTITEL=BASF

6 zit. n. Kretschmer, W.: »Her mit der Knete!«, *changeX*, 01.06.2006, http://changex.de/d_a02330.html

7 zit. n. Kretschmer, W.: »Arbeit und Liebe«, *changeX*, 14.06.2006, http://changex. de/d_a02345.html

8 Huck 2005, S. 16

9 Bell, M.: »Explosion im Glashaus«, in: *werben & verkaufen*, Nr. 31/2005, S. 18-20, hier S. 18

Kapitel 6

Die schwere Arbeit des Schweigens

Der Glaube, der CEO müsse omnipräsent sein, führt in die Irre.
Statt dem Präsenzdruck nachzugeben, sollte er Anlässe,
Themen und Bühnen sorgfältig auswählen und gegebenenfalls
besser schweigen. Abtauchen darf der CEO nicht – aber
organisierte Zurückhaltung stärkt seine Wahrnehmung
und Wirkung.

Vor langer Zeit tobte zwischen zwei Philosophen ein heftiger Streit darum, wer sich zu Recht als Philosoph bezeichnen dürfe. Er nenne sich nur des Ruhmes willen Philosoph, griff der eine den anderen an, verspottete und beleidigte ihn. Und provozierte: Er werde ja erfahren, ob der andere ein wahrer Philosoph sei: wenn dieser nämlich die ihm zugefügten Beleidigungen still und geduldig ertrage. Der andere kochte zwar vor Wut, zwang sich aber eine Weile zur Geduld und fragte dann: »Siehst du nun, dass ich ein wahrer Philosoph bin?« Der Angreifer aber entgegnete mit beißendem Hohn: »Ich hätte es eingesehen, wenn du geschwiegen hättest.« Diese Parabel erzählt der spätrömische Philosoph Anicius Manlius Severinus Boëthius (480–525) in seinem Hauptwerk *Trost der Philosophie*.[1] Seine Formulierung »si tacuisses – wenn du geschwiegen hättest« wurde zur stehenden Redewendung, nicht nur für Philosophen. Auch mancher CEO würde gut daran tun, wenn er diesen Satz nur beherzigen würde.

Zum Beispiel Utz Claassen. Der Vorstandsvorsitzende des Energieversorgers EnBW, der nicht zuletzt durch seine Medienpräsenz von sich reden macht, war Hauptfigur einer Posse, die ganz ähnlich ausging wie der antike Philosophenstreit. Im Kern gehe es, so berichtete die *Frankfurter Allgemeine Sonntagszeitung* süffisant, »um die Frage, ob Claassen [...] in den Vorstand des französischen Großaktionärs EDF berufen wurde oder in ein Labergremium«.[2] Das ist kein unwesentlicher Unterschied, und schon gar nicht, wenn es um den größten Energiekonzern Europas mit einer Marktkapitalisierung von 85 Milliarden Euro geht. Klar, dass Claassen sich geehrt fühlte, als er von der Berufung erfuhr. »Diese neue und zusätzliche Aufgabe ist für mich eine große Ehre und eine wichtige Herausforderung zugleich«, ließ er sich in einer Pressemitteilung der EnBW zitieren, sprach von großem Vertrauen und erfolgreicher Partnerschaft und einem »weiteren Mosaiksteinchen zur deutsch-französischen Freundschaft«.[3] Dumm war nur, dass EDF-Chef Pierre Gadonneix kurze Zeit später dementierte: Er habe Claassen nicht in den Vorstand berufen, »sondern in das Exekutivkomitee. Das ist ein strategisches Beratungsgremium, das keine Entscheidungen fällt«, erklärte Gadonneix dem *Handelsblatt*.[4] Oder, wie die *Frankfurter Allgemeine Sonntagszeitung* geschrieben hatte, ein »Labergremium«.[5] Natürlich griffen die Medien die öffentliche Demontage genüsslich auf, und Claassen wurde zum Gespött der ganzen Branche.

Claassen sonnt sich seit jeher im Licht der Öffentlichkeit. Seine Medienpräsenz ist Legende. Immer wieder im Verlauf seiner Karriere setzte er sich auf den verschiedenen Bühnen in Szene: als Präsident des Fußballclubs Hannover 96, als Gast in Talkshows, als Verbandsvorstand, als Herausgeber, als akademischer oder politischer Akteur. Er nutzt die Trends zur Boulevardisierung und Personalisierung, gibt zu vielen aktuellen Themen seinen Kommentar ab, »poltert gegen alles und jeden, vor allem echte und vermeintliche Gegner«, wie ein Fachblatt notierte.[6] Claassen bedient die Bedürfnisse der Mediengesellschaft und wird so zur omnipräsenten Managerfigur: immer auf Sendung, auf allen Kanälen. Wohl kaum ein Vorstandsvorsitzender polarisiert aktuell die Öffentlichkeit mehr als er. »Starkstromer«, »Kugelblitz«, »Elektroschocker«, »Bulldozer«, »Dampfwalze«, »Rambo« – viele Medienbeiträge bedienen sich solcher Metaphern, um den quirligen Niedersachsen zu charakterisieren. Dabei ist es keineswegs so, dass der EnBW-Chef, dessen Arbeitstag nach eigenen Angaben 18 Stunden umfasst, nur durch solche Umschreibungen auffallen würde. Nur prägt dies für viele öffentliche Beobachter sein Image in sehr hohem Maße und überlagert vieles andere: zum Beispiel seine erfolgreiche Managertätigkeit oder seine Lehrverpflichtung als Honorarprofessor für Betriebswirtschaftslehre und Controlling, die er an der Universität Hannover innehat. Oder aber Claassen als Manager, der pointiert Stellung bezieht, kontroverse Positionen vertritt und durchaus zu selbstkritischer Reflexion seiner Meinungen fähig ist. Doch seine mediale Omnipräsenz richtet sich auch gegen ihn; sie überlagert in der Wahrnehmung vieler Beobachter und Meinungsbildner seine inhaltlichen Einlassungen und entwertet letztlich die Originalität seiner Standpunkte. Claassen ist zur öffentlichen Figur geworden. Seine mediale Wirkung scheint hingegen vielfach den Bezug zu seiner unternehmerischen Agenda zu konterkarieren.

Die Mär von der »Marke CEO«

Buhlen um die Gunst der Medien ist in der Wirtschaft eher die Ausnahme, in Politik und Unterhaltungsgeschäft hingegen weit verbreitet. Doch liegt einer solchen kommunikativen Positionierung ein Missverständnis zugrunde: der Glaube nämlich, erfolgreiche Kommunikation bemesse sich vor allem an der Medienpräsenz. Bei der Festlegung, welche Art von Statements und Auftritten bei der Durchsetzung der eigenen – sei es politischen, persönlichen oder unternehmerischen – Agenda hilfreich sind, scheint hier allein der Grad der öffentlichen Aufmerksamkeit zu zählen. Die Folge ist eine extreme Personalisierung, die im Showbiz dazu gehört, in der Wirtschaftswelt aber fehl am Platze ist. Denn sie führt letztlich dazu, dass die Person des Vorstands sich mehr und mehr verselbstständigt und vom Unternehmen löst. Der Diskurs findet dann vielfach nur noch in Abgrenzung zu anderen Personen des öffentlichen Interesses statt und steht nicht mehr in Zusammenhang mit der unternehmerischen Aufgabe. Dadurch gewinnt die CEO-Kommunikation eine ganz eigene Dynamik – der Glaube macht sich breit, dass der CEO omnipräsent sein müsse. Und damit entsteht wiederum ein enormer, meist überflüssiger Präsenzdruck.

Diese Entwicklung wurde von einigen Wortführern aus der Kommunikationsbranche sogar noch forciert und mit einem theoretischen Mäntelchen herausgeputzt. »Der CEO wird zur Marke«, lautet die zu Beginn des neuen Jahrtausends propagierte These, die wohl in erster Linie als Spätfolge des Börsen-Hypes im Gefolge der New Economy gesehen werden muss, dennoch aber immer noch nachwirkt. Dies erstaunt umso mehr, als die Herleitung dieser These seit jeher äußerst fragwürdig war – die »Marke CEO« stand schon immer auf tönernen Füßen.

Rekonstruiert man die Entstehung dieser These, stößt man auf eine Untersuchung der international tätigen Kommunikationsberatung Burson-Marsteller aus dem Jahr 2001 zur Wahrnehmung des CEO. Deren zentrales Ergebnis lautet: »Das Ansehen des CEO bestimmt zu 48 Prozent das Ansehen des gesamten Unternehmens und spielt für 95 Prozent der Befragten eine zentrale Rolle beim Entscheid, die Aktie der Firma zu kaufen«, heißt es dort.[7] Dies bestätige dessen zentrale Rolle als Chefkommunikator, die Wahrnehmung des CEO sei folglich mitentscheidend für den Unternehmenserfolg, heißt es – vollkommen richtig – weiter. Von einer »Marke CEO« ist dagegen nur in der Überschrift die Rede, nicht aber in der Studie selbst – offensichtlich handelte es sich somit eher um eine nachträgliche redaktionelle Zuspitzung und Pointierung denn um ein inhaltlich fundiertes Ergebnis der Untersuchung. Gleichwohl war damit ein Schlagwort geboren, das sich in der Folge verselbstständigte. Kein Wunder, denn es passte auch in die Zeit des Börsen-Hypes und selbstgefälliger CEO-Gurus aufstrebender New-Economy-Unternehmen.

Die These von der »Marke CEO« entsprach dem Zeitgeist und wurde weiter ausgearbeitet. Neben dem ehemaligen Chef der Werbeagentur Grey, Bernd M. Michael, hat sich vor allem Marco Casanova, Geschäftsführer des Branding-Institute und bekannt geworden als persönlicher Berater des Tennisprofis Boris Becker, des Themas angenommen. Gestützt unter anderem auf die Burson-Marsteller-Studie präsentierte Casanova einen »neuen Lösungsansatz zur Vermarktung des CEO«: nämlich die »Marke ›CEO‹ als Strategie«.[8] Das waren gewichtige Worte – nur darüber, wie sich die Marke aus den Forschungsergebnissen ableitete, verlor Casanova kein Wort. Umso deutlicher malte der Chef des Branding-Institute nutzbringende Wechselbeziehungen aus: »Dabei sind die Marke ›CEO‹ – der Personal Brand ›CEO‹ – und die Marke des Unternehmens – der Corporate Brand ›Unternehmung‹ – miteinander symbiotisch verbunden.«

Egal ob begründet oder nicht – die These wurde von eifrigen Apologeten mit Nachdruck weiter verbreitet. So spricht etwa Jürgen Parr von Golin/Harris von einer »Menschen-Marke« und betont, ein »markengleicher Vorstandsvorsitzender an der Spitze einer Unternehmensmarke« könne nur »allzu positiv« für die Entwicklung der Gesellschaft sein.[9] Pech nur, dass das Marken-Dasein der als Beispiel genannten CEOs nicht mehr allzu lange währte. Gerhard Schmid, Ron Sommer, Jürgen Schrempp, Rolf E. Breuer, Ulrich Schumacher: Sie alle haben sich im Nachhinein nicht gerade als Wettbewerbsfaktoren entpuppt. Genau dazu wollen die Vertreter der Marken-These den Marken-CEO aber gerne stilisieren. Im Gegenteil, alle genannten CEOs haben sich bald darauf aus ihren Vorstandspositionen verabschiedet. So kurz kann das Markenleben sein.

An diesen Beispielen lässt sich hervorragend illustrieren, was passieren kann, wenn ein Vorstand zu sehr in den Vordergrund tritt, wie dies die Vertreter der Marken-Hypothese gerade fordern. So hatte Casanova ja postuliert, der CEO, der sein Unternehmen zum größtmöglichen Erfolg führen wolle, müsse sich vom Chief Executive Officer zum »Chief Entertainment Officer« wandeln[10] – ungeachtet aller damit verbundenen Gefahren: Denn dem so exponierten CEO drohen Starkult, Boulevardisierung, Vereinfachung, Eitelkeits- und Profilierungsverdacht und letztlich wird er zur Projektionsfläche für Angst- und Neiddebatten. Seine Angriffsfläche vergrößert sich, denn er macht sich auch als private Person angreifbar. Und je mehr er sich in der Öffentlichkeit exponiert, desto interessanter wird er für die Presse – in zunehmendem Maß jedoch nicht mehr für die Wirtschafts-, sondern für die Personality-Journalisten. Wer sich auf Society-Treffs sehen lässt, darf sich über spöttische Kommentare sowohl in Boulevard- als auch in Wirtschaftsmedien nicht wundern. Zwischen Stars und Sternchen wirkt ein CEO deplatziert, und in der Öffentlichkeit ist schnell der Vorwurf bei der Hand, er habe mehr seine öffentliche Positionierung als das Wohl des Unternehmens im Auge. Letztlich löst sich der Marken-CEO vom Unternehmen und seiner unternehmerischen Aufgabe und wird mehr als öffentliche Person wahrgenommen, die mit anderen öffentlichen Personen im Wettbewerb um Aufmerksamkeit steht, denn als Führungsperson, die ein Unternehmen repräsentiert. Die von Casanova erhoffte symbiotische Beziehung zwischen Unternehmensmarke und Marken-CEO findet somit gerade nicht statt, weil dieser sich vom Unternehmen abkoppelt und ein Eigenleben zu führen beginnt.

Beifall kann ein öffentlicher CEO letztlich nur auf dem Boulevard erwarten, nicht aber bei seinen wichtigsten Stakeholdern: Unter den Mitarbeitern wird diese Form der Selbstinszenierung meist negativ als persönliche Profilierung, wenn nicht als reine Eitelkeits-Show wahrgenommen. Im Management-Board zieht der CEO Konflikte und Neid auf sich, weil er das ungeschriebene Gesetz demonstrativer Bescheidenheit und den Grundsatz »let others shine« missachtet. Der Mitbestimmungsseite bietet er schließlich eine Projektionsfläche für Feindbilder, gegen die sie ihre Kampagnen führen kann.

Die Folge ist eine Verschärfung einer ohnehin vorhandenen internen Schieflage: Schon ohne derartige Personality-Storys sind die Leiter Unternehmenskommunikation einen Großteil ihrer Arbeitszeit damit beschäftigt, falsche Informationen, Unterstellungen und vermeintliche Skandalgeschichten aus den Medien herauszuhalten – nun müssen sie zusätzlich noch die Allüren ihrer Chefs ausbügeln.

Organisierte Zurückhaltung ist aktives Schweigen

Es dürfte deutlich geworden sein, dass das Gerede von der »Marke CEO« in die Irre führt. Es ist kontraproduktiv für eine balancierte CEO-Kommunikation, wie wir sie hier vertreten. Was also ist zu tun? Schweigen? Das kann durchaus der richtige Weg sein. Denn Schweigen bedeutet nicht Abtauchen. Schweigen heißt auch nicht, nichts zu tun und die Hände in den Schoß zu legen – ganz im Gegenteil: Es geht um die Organisation von Zurückhaltung. Und das ist harte Arbeit. Denn es kommt darauf an, genau zu bestimmen, zu welchen Themen man sich äußert und auf welchen Bühnen man sich präsentiert. Das erfordert präzise Analyse und große Klarheit – im Vergleich dazu ist es einfach, in jedes vorgehaltene Mikrofon ein paar Sätze zu sprechen. Nicht zuletzt kostet organisierte Zurückhaltung ein großes Stück Überwindung, denn der Drang sich zu rechtfertigen ist groß, insbesondere dann, wenn man in die öffentliche Schusslinie geraten ist. In der Krisenkommunikation ist es erforderlich, Themen, Anlässe und Bühnen für öffentliche Erklärungen genau abzuwägen; dann ist ein Zuviel an Präsenz ebenso falsch wie ein komplettes Abtauchen. Dann muss der Vorstand mit klaren und wohldosierten Statements signalisieren, dass er die Situation im Griff hat.

Öffentliche Zurückhaltung sollte grundsätzlich kommunikativer Normalzustand sein. Ruhe und Besonnenheit dürfen aber nicht mit Öffentlichkeitsscheu verwechselt werden. Der CEO muss öffentlich präsent sein – aber dann und nur dann, wenn es seine unternehmerische Agenda und das Wohl des Unternehmens erfordern. Das ist ein Perspektivwechsel, der den Blick auf das Alltagsgeschäft, die essentiellen Aufgaben der Unternehmensführung lenkt. Hier liegt der Arbeitsschwerpunkt eines Topmanagers. »Alles, was er darüber hinaus tut, muss mit diesen Aufgaben vereinbar sein«, fordert Herbert A. Henzler zu Recht.[11] Der frühere McKinsey-Chef kritisiert den »Hang zum Eskapismus«, den viele Topmanager an den Tag legten, und meint damit vor allem ihre oftmals übermäßige öffentliche Präsenz bei Presse- und Verbandsterminen, Konferenzen, Aufsichtsratssitzungen und das Streben nach politischem Ruhm.

Das bestätigt auch die Allensbach-Untersuchung zum Kommunikationsverhalten deutscher CEOs. In der Studie wurde auch danach gefragt, was einen guten Kommunikator an der Unternehmensspitze auszeichnet. Die Antwort: »vor allem Glaubwürdigkeit, Seriosität, Präsentationsgeschick und rhetorische Überzeugungskraft sowie soziale Kompetenz« – also ein breiter Mix von Kompetenzen, in dem die unmittelbar kommunikativen Fähigkeiten gleichrangig neben ethischen Anforderungen wie Glaubwürdigkeit und Seriosität stehen. Gefragt sind also nicht so sehr der Selbstdarsteller oder das Showtalent, das in der Öffentlichkeit glänzt, sondern die ausbalancierte, ganzheitliche Persönlichkeit. Dies spiegelt sich auch in den Antworten auf die Frage wider, wer derzeit der beste CEO in Deutschland sei. Aufschlussreich sind hierbei vor allem die Kriterien, nach denen die Befragten ihre Antwort ausrichteten: Hier wurde der Erfolg des Unternehmens am häufigsten genannt (28 Prozent), gefolgt von fachlichen Kompetenzen wie strategisches Denken, Konsequenz und Zielstrebigkeit (20 bis 23 Prozent) sowie ethischen Maßstäben wie Glaubwürdigkeit und Seriosität. Auch soziale Kompetenz und Einfühlungsvermögen (16 Prozent) sowie Offenheit und Transparenz (14 Prozent) wurden noch vor den eigentlichen kommunikativen Kernkompetenzen wie Präsentationsgeschick und Rhetorik (12 Prozent) genannt. Das zeigt deutlich, wie hanebüchen die Forderung, der CEO müsse zum »Chief Entertainment Officer« werden, tatsächlich ist. Genau das honorieren die befragten Experten – Leiter Unternehmenskommunikation, Journalisten, Finanzanalysten und Arbeitnehmervertreter in Aufsichtsräten – offensichtlich nicht.

Aufgrund ihrer Gesamtleistung für ihr Unternehmen wählten die Experten Wendelin Wiedeking (Porsche), Helmut Panke (BMW), Klaus Zumwinkel (Deutsche Post AG) und Henning Kagermann (SAP) in dieser Rangfolge zu den besten CEOs. Gleich dahinter, auf Rang fünf, landete der Vorstandsvorsitzende der BASF AG, Jürgen Hambrecht.

Bei diesen Beispielen handelt es sich durchweg um Topmanager, deren Reputation nicht allein auf die Medienpräsenz zurückzuführen ist. Medienpräsenz ist also nicht alles, und noch nicht einmal das Wichtigste. Dies bestätig auch die CEO Reputation Studie Deutschland 2006 von Buson-Marsteller. Oftmals sind es sogar die »Anti-Eskapisten«, so Herbert A. Henzler, die sich durch beständige Erfolge und Geradlinigkeit große Reputation erworben haben. Oswald Grübel, der Chef der Crédit Suisse, meidet Presse- und Verbandstermine sowie Hintergrundgespräche mit Politikern, wo es nur geht. Premiere-Chef Georg Kofler macht ebenso einen Bogen um öffentliche Auftritte wie SAP-Gründer Dietmar Hopp. Und Ulrich Brixner, der frühere Chef der DZ-Bank, mied Termine, die nicht dem Bankgeschäft dienten, und schlug sogar eine Wochenendeinladung zum Formel-1-Rennen in Monaco aus. Die Gebrüder Stringmann schließlich errangen erst dann eine gewisse Bekanntheit über Insider-Kreise hinaus, als sie das von ihnen aufgebaute Generika-Unternehmen Hexal für einen Milliardenbetrag an Novartis verkauften.[12]

Gibt es denn nun die richtige Kommunikationsdosis? Diese Frage lässt sich nicht pauschal beantworten. Die Praxis zeigt jedoch: Es geht um eine Balance, um einen Wechsel zwischen Phasen intensiverer Kommunikation und solchen des Rückzugs. Jemand wie Utz Claassen, der Dauerpräsenz zelebriert und zu allem und jedem etwas zu sagen hat, riskiert, dass seine inhaltlich und unternehmerisch wichtigen Botschaften im kommunikativen Allerlei untergehen. Nur wer – auch – schweigen kann, wird angemessen wahrgenommen.

Gerade in den ersten Wochen nach dem Amtsantritt ist die Demonstration von Zurückhaltung klug und vertrauensbildend. Es geht viel mehr um das Zuhören, die Kontaktpflege und um das Sammeln wichtiger Informationen. Für einen neuen Chef, der von außen kommt, ist es sinnvoll, ein Unternehmen erst einmal näher kennen zu lernen, bevor er sich detailliert zu seinen Plänen äußert. Das bedeutet aber nicht, dass der neu ins Amt gekommene Vorstand den Mund halten müsste. Im Gegenteil – nur sollte er sich mehr über sein Vorgehen äußern und keinesfalls vorschnelle Festlegungen riskieren, an denen er später gemessen wird. So zeigt er Verständnis für das Informationsbedürfnis von Führungskräften und Mitarbeitern, ohne sich zu früh festzulegen.

Wer an die Öffentlichkeit geht, bringt sich selbst unnötig in Zugzwang. Diese Erfahrung machte Todd Stitzer, Vorstandsvorsitzender von Cadbury Schweppes. Er habe ungeheuren Druck verspürt, gleich in den ersten Wochen neue Strategien und Versprechen über eine großartige Zukunft mit rauschenden Gewinnen verkünden zu müssen, erzählte er später. Und schwor, nie wieder würde er so vorgehen. »Verlassen Sie Ihr Büro und mischen Sie sich unter Mitarbeiter, Kunden, Konsumenten und Aktionäre. Verkünden Sie Ihre Strategie und Ihren Plan erst nach gründlicher Reflexion und Analyse«, empfahl er zwei Jahre nach seinem Antritt an der Spitze des Süßwaren- und Getränkekonzerns. »Sie müssen absolut sicher sein, dass Ihr Team hinter Ihnen steht und dass es an den neuen Planungen Anteil hatte.«[13]

Auf den folgenden Seiten fassen wir die wichtigsten Regeln für eine kommunikative Zurückhaltung zusammen:

Chancen und Risiken von Medienpräsenz erkennen

Medienpräsenz ist nicht alles. In diesem Kapitel ist deutlich geworden, welche Gefahren eine unbedachte Medienpräsenz birgt – für das Unternehmen und auch für die Person an dessen Spitze. Deshalb gilt es, Medienpräsenz sorgfältig zu planen und vor allem sich deren Risiken ständig vor Augen zu halten. Es gibt bedeutende Unternehmen, die groß geworden sind, ohne dass die Öffentlichkeit von ihnen Notiz genommen hätte. Öffentlichkeit ist also nicht unerlässlich für den Unternehmenserfolg. Andererseits kann Schweigen in der falschen Situation gefährliche Folgen haben. In Krisen und wenn Gerüchte kursieren, muss der CEO Stellung beziehen. Sonst entsteht schnell der Eindruck, er »tauche ab« oder das Unternehmen habe etwas zu verbergen. Dann brauen sich Gerüchte und Vermutungen zu einem explosiven Gemisch zusammen. Schweigen ist vor allem dann angesagt, wenn Dinge – wie das Wort schon sagt – noch nicht »spruchreif« sind. Vor allem gegenüber der externen Öffentlichkeit ist es schädlich, sich an Gerüchten oder Vermutungen zu beteiligen. Denn das erhöht die Aufmerksamkeit noch weiter.

Startphasen zum Sammeln von Informationen nutzen

Wer als CEO neu in einem Unternehmen beginnt, sollte zunächst auf produktive Zurückhaltung setzen. In der Anfangsphase kommt es darauf an, zuzuhören, Eindrücke aufzunehmen und sie sinnvoll zu verarbeiten. Zuhören ist produktives Schweigen. Durch Zuhören verschafft sich der CEO wichtige Informationen und erhält den Freiraum, den er benötigt, um zukünftige Aktivitäten mit ruhiger Hand zu gestalten. Nicht zuletzt signalisiert er Wertschätzung und baut ein Klima des Vertrauens auf. Gerade in den ersten hundert Tagen ist Schweigen also besonders wichtig. Auf der anderen Seite: Was sollte ein CEO denn sagen, der gerade erst an seiner unternehmerischen Agenda arbeitet? Wie Todd Stitzer betont hat, können zu frühe Festlegungen schlimme Folgen haben. »Wer glaubt, in den ersten hundert Tagen sofort Quick-Wins produzieren zu müssen, riskiert es, viele Meinungen zu überhören, die für ihn später sehr wichtig sind«, unterstreicht Peter Bakker, Vorstandsvorsitzender des niederländischen Logistik- und Kurierdienstes TNT.[14] Er rät, ein großes Meeting für die Zeit nach der Hundert-Tage-Frist anzukündigen. Dadurch werde die Aufmerksamkeit verlagert, und die Akteure können sich in Ruhe auf die wichtigen Aufgaben konzentrieren.

Anlässe und Zeiten bewusst setzen

Bewusst organisierte CEO-Kommunikation berücksichtigt, wie viel durch die aktive Gestaltung von Zurückhaltung erreicht werden kann. Anstatt die Empfänger einer kommunikativen Dauerberieselung auszusetzen, schafft der Wechsel zwischen Schweigen und verstärkter Kommunikation erst die Basis dafür, dass CEO-Botschaften mit der erforderlichen Aufmerksamkeit wahrgenommen werden. Topmanager sollten deshalb mit besonderem Bedacht auswählen, auf welchen »Bühnen« sie sich bewegen und was sie zu welchem Zeitpunkt kommunizieren wollen. Die Phasen des Schweigens und der kommunikativen Öffnung müssen präzise geplant werden. Man sollte klar und realistisch festlegen, wann man sich öffnen will und wann Zurückhaltung angesagt ist. Vor allem gilt es zu definieren,

- welche internen und externen kommunikativen Anlässe der CEO zur Positionierung nutzt,
- zu welchen Branchenthemen er sich äußert und
- an welchen gesellschaftspolitischen Diskursen er sich beteiligt.

Diese grundlegende Definition von Themen, Anlässen und Diskursen eröffnet dem CEO vielfältige Möglichkeiten: Er selbst entscheidet, wie er die Phasen aus hoher und niedriger Intensität, aus Schweigen und Sprechen taktet.

Durch aktives Schweigen mehr Aufmerksamkeit schaffen

Durch aktives Schweigen – sprich organisierte Zurückhaltung – erhalten die Anlässe, zu denen kommuniziert wird, mehr Aufmerksamkeit. Die Botschaften, die von Bedeutung für den Geschäftszweck sind, werden klarer prononciert, stärken das Topmanagement und tragen zum Erfolg des Unternehmens bei. Nicht zuletzt entlastet organisierte Zurückhaltung auch die Unternehmenskommunikation. Denn die hat mitunter nicht wenig zu tun, um die kommunikativen Fehltritte überpräsenter Unternehmenslenker wieder auszubügeln. Um die Rolle des Leiters Unternehmenskommunikation geht es im folgenden Kapitel.

Anmerkungen

1   o.V.: »Boëthius Anicius Manlius Severinus - Trost der Philosophie«, http://www.pinselpark.org/philosophie/b/boethius/texte/trost2_3.html; Formulierung zit.n. o.V.: »Abschied – Zitate«, *Wikiquote*, http://de.wikiquote.org/wiki/Bo%C3%Abthius
2   von Petersdorff, W.: »Utz Claassens Demontage«, in: *Frankfurter Allgemeine Sonntagszeitung*, 09.04.2006
3   zit.n.o.V.: »EnBW-Chef Claassen in den Vorstand der EDF berufen«, EnBW-Pressemitteilung vom 20.03.2006
4   zit.n. Dorfs, J./Alich, H.: »Die Kernkraft akzeptieren«, in: *Handelsblatt*, 03.04.2006
5   von Petersdorff, W.: »Utz Claassens Demontage«, in: *Frankfurter Allgemeine Sonntagszeitung*, 09.04.2006
6   o.V: »Peinlich 1«, in: *medium magazin*, Nr. 05/2006, S.53
7   Burson-Marsteller: »Der CEO als Marke«, Pressemitteilung vom 03.12.2003
8   Casanova, M.: »Der CEO als Marke«, in: *persönlich*, Ausgabe Dezember 2002, S.70-72, hier S.71
9   Parr, J.: »Was 'ne Marke! – Der CEO als Brand in Brand«, in: *trust* (Newsletter Golin/Harris), Nr. 09, Juli 2003, S.5

10 Casanova, M.: »Der CEO als Marke«, in: *persönlich*, Ausgabe Dezember 2002, S. 70-72, hier S. 71

11 Henzler 2005, S. 12

12 Beispiele aus: Henzler 2005, S. 16f.

13 zit. n. Maitland, A.: »Summer School: Die ersten 100 Tage«, in: *Financial Times Deutschland*, 08.08.2005, S. 28

14 zit. n. ebd.

Kapitel 7

Rollenmodell Generalsekretär

Die Personalunion von Leiter Unternehmenskommunikation und Pressesprecher erschwert vielfach die strategische Kommunikationsarbeit. Nur wenn der Leiter Unternehmenskommunikation über Freiräume abseits des schnell getakteten Tagesgeschäfts verfügt, kann er dem CEO als ruhiger Coach und Spindoktor zur Seite stehen.

Es schien ein normaler Montagmorgen zu werden. Bis um 10:30 Uhr zumindest. Karsten Müller, Konzernsprecher eines börsennotierten Unternehmens, hatte den Tag begonnen wie jeden anderen auch: Nach den Morgennachrichten im Radio ein kurzer Blick auf Handy und Blackberry, danach die Zeitung. »Es ist wichtig zu wissen, was die Themen des Tages sind«, sagt Müller. Und natürlich, ob »etwas« vorgefallen ist. Etwas, das es erforderlich machen würde, schon früh am Morgen in die Firma zu fahren oder zu telefonieren. Müller überfliegt deshalb die Meldungen im politischen Teil, auf den Regionalseiten und im Wirtschaftsteil. Er »scannt« die Nachrichten, wie er sagt – und erst danach, wenn sich herausgestellt hat, dass nirgendwo »Granaten eingeschlagen sind«, widmet er sich bei Kaffee und Frühstücksbrötchen der Zeitungslektüre. Inzwischen läuft über das Fax eine erste Version des aktuellen Pressespiegels ein. Müller überfliegt sie, bevor er sich auf den Weg ins Büro macht. Dort checkt er noch mal schnell seine E-Mails und die Nachrichtenlage bei diversen Online-Portalen. Um neun Uhr beginnt die große Telefonkonferenz, an der alle Kommunikationsmitarbeiter beteiligt sind, danach steht ein Termin mit dem Vorstand über die Kommunikationsstrategie bei der Präsentation der neuen Produktlinie auf dem Plan. Mittags dann ein Termin zum Lunch mit einem Journalisten, ein Hintergrundgespräch. Danach Sichtung der eingegangenen Anfragen und eine Menge Telefonate.

Vor der Telefonkonferenz überfliegt Müller noch die Anruferliste, die ihm seine Mitarbeiterin auf den Platz gelegt hat. Ein Journalist wollte ein offizielles Statement über die Fertigungstiefe bei der aktuellen Modellreihe – kann warten, befindet Müller. Ebenso die Bitte um einen Interviewtermin mit dem Vorstand. Und da war noch der Anruf eines Journalisten eines großen Fernsehmagazins, der sich vor allem mit seinen investigativen Recherchen einen Namen gemacht hat. Was will der denn und noch dazu so früh am Morgen, fragt sich Müller. Doch für Grübeleien bleibt keine Zeit, Telefonkonferenz. Müller stimmt mit seinen Mitarbeitern an den verschiedenen Standorten die Wochenplanung und die aktuellen Themen ab. Keine besonderen Ereignisse, es sollte eine ruhige Woche werden.

Nach der Konferenz steht wieder der Name dieses Journalisten auf der Anruferliste; er bittet um Rückruf. Dann noch der mit der Fertigungstiefe; es eilt, aber Daten dieser Art dürfen Mitarbeiter nicht herausgeben. Muss warten, denn Müller hat noch ein paar dringende Telefonate zu erledigen, bevor er zu dem Vorstandstermin hetzt. Dort präsentiert er die Schwerpunkte der Kommunikationsstrategie in Sachen neuer Produktlinie. Kaum ist man in die Diskussion eingestiegen, wird Müller ans Telefon gebeten, extrem dringend, heißt es. Er entschuldigt sich, am Apparat ist seine Assistentin. Der Fernsehjournalist hat wieder angerufen; er will eine Stellungnahme zu seinen Recherchen, wonach sich bei den Produkten des Low-Price-Segments die Reklamationen wegen Materialfehlern häuften – bei unsachgemäßer Anwendung könne sogar ein Akku explodieren. Er benötige die Stellungnahme bis heute 15 Uhr, gerne auch ein Interview mit dem Vorstandsvorsitzenden. Sendetermin heute Abend. In Müllers Kopf läuft ein Szenario ab, was passieren wird, wenn die Information stimmt und der Beitrag auf Sendung geht. Zuvor schon werden erste Informationen an die Öffentlichkeit dringen, es wird Anrufe von Analysten und aufgeschreckten Journalisten geben und eine Krisensitzung im Hause. Am nächsten Tag dann ein Kurseinbruch an der Börse, weitere Anrufe von Journalisten, von Analysten und von verunsicherten Leuten aus der Vertriebsabteilung, weitere Krisensitzungen, Report beim Vorstand und Anfragen, Anfragen, Anfragen …

Ein fiktives Beispiel. Es zeigt: Pressesprecher großer Unternehmen sind Getriebene. Ihr Alltag besteht – auch unabhängig von Krisen – aus Hektik, dem mühsamen Balancieren der Termine. Unter permanentem Zeit- und Ereignisdruck müssen sie taktisch agieren und kurzfristig Problemlösungen erarbeiten. Meist müssen sie eine Vielzahl unterschiedlicher Aufgaben praktisch gleichzeitig erledigen: Presseanfragen und Pressemitteilungen, Recherchen, Freigaben, Konferenzen, Termine, Briefings. Was über den engen Zeithorizont von wenigen Stunden hinausgeht, bleibt in der Regel erst einmal liegen – wenig erstaunlich unter derartigen Bedingungen. Schon aus psychologischen Gründen müssen Pressesprecher sich beim Planen auf die nächsten Stunden konzentrieren, um handlungsfähig zu bleiben. Für sie sind in Großunternehmen 16-Stunden-Tage keine Seltenheit; sie agieren außengesteuert und wissen zugleich nie, bildhaft ausgedrückt, welche »Granaten« bereits wieder eingeschlagen haben.

Unternehmenskommunikation als Strategie

Der Rahmen, in dem Pressesprecher agieren, hat sich grundlegend verändert. Die Globalisierung, das Internet, der rasante technische Fortschritt, die Mediengesellschaft gestalten die Bedingungen für kommunikatives Handeln neu. »In den vergangenen fünf Jahren hat sich die Menge an auszuwertenden Informationen exorbitant erhöht. Durch das Internet ist auch qualitativ eine neue Welt entstanden«, erläutert Elmar Kratz, Pressesprecher von Karstadt gegenüber dem Magazin *pressesprecher* im Rahmen eines Reports über den Berufsstand Ende 2003.[1] »Heute müssen Unternehmen 24 Stunden täglich und sieben Tage die Woche kommunikationsfähig sein«, erklärt der Mainzer Wirtschaftswissenschaftler Lothar Rolke. Vor allem die gewachsene Bedeutung der Finanzmärkte erhöht den Druck auf die Kommunikation. Denn wo früher vielleicht das Image Schaden litt, drohen heute rapide Kurseinbrüche an den Finanzmärkten. »Bei jeder Krisen-PR muss die Unternehmenskommunikation auch die Sensibilitäten institutioneller Investoren und die Volatilität globaler Finanzmärkte berücksichtigen«, schreibt Lars Großkurth, Leiter Kommunikation und Presse bei Reemtsma und Präsident des Bundesverbandes deutscher Pressesprecher (BdP), in dem Buch *Profession Pressesprecher*.[2] Dieses Buch unterstreicht recht eindrucksvoll die Veränderungen des Umfelds dieser Profession. Auf den Punkt gebracht: Was ein Pressesprecher sagt oder nicht sagt, bestimmt nicht nur das öffentliche Bild des Unternehmens, sondern kann über dessen Wert an den Kapitalmärkten mit entscheiden. Damit rückt die Unternehmenskommunikation zunehmend in eine strategische Rolle. Die Bedeutung der traditionellen, eher anlassbezogenen Presse- und Medienarbeit hingegen relativiert sich. Strategische Kommunikation heißt, die langfristigen Ziele des Unternehmens vor Augen zu haben und die Kommunikation darauf auszurichten – und zwar alle Bereiche der Kommunikation. Strategische Kommunikation beginnt mit den richtigen Inhalten. Das bedeutet: zentrale Themen setzen und die Meinungsbildung beherrschen. Strategische Kommunikation versucht, Öffentlichkeit mitzugestalten, damit Unternehmen wirken können. Das erfordert Freiräume jenseits der aktuellen Arbeit eines Pressesprechers. Denn diese Aufgabe erfordert vor allem strategische Planung und Networking. Es gilt, die richtigen Leute zusammenzubringen, Dritte einzubinden und sie zum Sprachrohr für das Unternehmen zu machen, Hintergrundgespräche zu führen, »Strippen« zu ziehen.

Die Kommunikationspraxis in deutschen Unternehmen scheint jedoch von diesem strategischen Anspruch vielfach noch weit entfernt. Dies zeigt jedenfalls eine Umfrage unter den Mitgliedern des Bundesverbands deutscher Pressesprecher (BdP), deren Ergebnisse in dem genannten Buch *Profession Pressesprecher* vorgestellt werden. Diese »Vermessung eines Berufsstandes«, für die 672 Pressesprecher und Kommunikationsverantwortliche in deutschen Unternehmen, Institutionen, Vereinen und Verbänden befragt wurden, hat aufschlussreiche Ergebnisse über die Institutionalisierung der Kommunikationsarbeit in diesen Organisationen erbracht. Und sie offenbart strukturelle Defizite, die zeigen, dass vielfach dem Wandel des Berufsbilds und den neuen Anforderungen noch nicht in ausreichendem Maße Rechnung getragen wurde.

Zwar nehmen PR und Kommunikation »überwiegend einen herausgehobenen Rang in der Hierarchie der Organisationen« ein, doch zeigt eine Detailanalyse, dass – ebenso überwiegend – Defizite in der strategischen Kommunikation bestehen. Sehen wir uns die Studie etwas genauer an: PR und Kommunikation haben in 78 Prozent der erfassten Organisationen Führungsfunktionen inne. In 58 Prozent der Organisationen ist sie auf Leitungsebene angesiedelt, aber nur in 13 Prozent auf höchster Leitungsebene. Dominierend ist dabei die Stabsstelle oder Stabsabteilung (45 Prozent). Diese herausgehobene institutionelle Verortung bildet sich jedoch nicht in dem tatsächlichen Einfluss auf die strategische Ausrichtung der Organisation ab. »In Vereinen, Verbänden und Parteien haben PR-Profis den stärksten strategischen Einfluss«, stellt die Studie fest.[3] Die Unternehmen liegen hinten. In 52 Prozent der Unternehmen ist der strategische Beitrag der Kommunikationsverantwortlichen nach eigener Einschätzung sehr gering, gering oder mittel. In 38 Prozent der Fälle ist er hoch, in nur zehn Prozent sehr hoch. Ein ähnliches Muster zeigt sich bei der finanziellen Ausstattung der Kommunikationsabteilung. Während die Anforderungen steigen, sind in fast zwei Drittel der Unternehmen die PR-Budgets gleich geblieben oder gar gesunken.

Diese Defizite spiegeln sich in den Aussagen über die organisationsinterne Praxis wider. Jeweils 25 Prozent der Kommunikationsverantwortlichen beklagen fehlende Durchsetzungsmöglichkeiten und sehen sich in erster Linie als Verlautbarungsstelle der Organisationsleitung. »Am häufigsten beklagen die BdP-Mitglieder fehlendes Verständnis der Organisationsleitung für strategische und integrierte Kommunikation«, stellt die Studie fest.[4] Und das verringert wiederum deutlich die Zufriedenheit mit dem eigenen Beruf; es verwundert insofern kaum, dass die befragten Kommunikationschefs sich häufig missverstanden, schlecht informiert oder ausgegrenzt fühlen – auch das ein klarer Hinweis auf Defizite.

Entscheidend aber ist: Viele Unternehmen haben strukturelle Defizite in einem Bereich, der sich zunehmend als erfolgskritisch erweist: in der strategischen Kommunikation. Die Ursache hierfür liegt im Zuschnitt des Aufgabenbereichs: Denn nach wie vor ist die Personalunion von Leiter Unternehmenskommunikation und Pressesprecher die Regel. Ab einer bestimmten Unternehmensgröße wird diese Personalunion jedoch zum Hemmschuh, da der Leiter Unternehmenskommunikation der Rolle nicht gerecht werden kann, die ihm aufgrund der Verschiebung der Gewichte in Richtung strategische Kommunikation zufallen würde. Als »Kommunikationsgestalter« sollte er koordinieren und steuern, die Kommunikationsstrategie entwickeln, hinter den Kulissen die Fäden ziehen und sich auf das strategisch-kommunikative Coaching des CEO konzentrieren. Als Pressesprecher ist er jedoch Teil eines Räderwerks. Er ist gezwungen, das zu tun, was tagesaktuell dringend erforderlich ist – für mittel- oder gar langfristige strategische Aufgaben bleibt vielfach kein Raum, wie auch das Fachorgan *pressesprecher* feststellt: »Kommunikation unter Dauerstress ist der Alltag für viele Pressesprecher. Strategieformulierung, neue Kommunikationsansätze, Kontrolle des Geleisteten – kurzum, für das, was aus dem Pressesprecher den Strippenzieher im Hintergrund macht, bleibt kaum noch Zeit.«[5] All das, was zum strategischen Kommunikationsmanagement gehört, also unverzichtbar für die Durchsetzung der unternehmerischen Agenda ist, wird nur unzureichend abgedeckt. Es bleibt keine Zeit, Themen gründlich und in all ihren Auswirkungen zu durchdenken. Langfristige Kommunikationsstrategien, abgestimmt auch auf Marketing- und Branding-Aspekte, sind kaum zu realisieren. Die Planung von Lobbying und politischem Dialog, das Management von Change-Prozessen, die Entwicklung von Positionierungsstrategien für den CEO – all das hat vielfach keinen Platz im hektischen Alltag, kann nicht in ausreichendem Maße bearbeitet werden.

Kurzum: Je mehr der Leiter Unternehmenskommunikation als Pressesprecher im alltäglichen Geschäft gefordert ist, desto weniger wird Kommunikation strategisch geplant und desto anfälliger ist das Unternehmen – und damit bleiben Handlungspotenziale verschlossen, die er aus strategischem Interesse nutzen müsste: Ist der Leiter Unternehmenskommunikation ein Getriebener, kann er dem CEO nicht als strategischer Ratgeber, ruhiger Coach und Spindoktor zu Seite stehen.

Ein neues Rollenmodell

Das klassische Rollenmodell der Personalunion von Leiter Unternehmenskommunikation und Pressesprecher ist überholt, ebenso wie das klassische Prozessmuster, das Kommunikation als Medien- und Pressearbeit begreift – und diese an die Stabsabteilungen delegiert. Dieses Modell ist einer komplexer gewordenen Welt nicht mehr angemessen. Wenn Kommunikation zunehmend erfolgskritisch wird und Führung zu einem wesentlichen Teil in Kommunikation besteht, dann muss das Konsequenzen für die institutionelle Verortung dieser Aufgabe haben.

Was ist zu tun? Die gestiegene Bedeutung von Kommunikation und vor allem der wachsende Bedarf an strategischer Kommunikation erfordern eine Veränderung des Rollenmodells. Die Personalunion von Leiter Unternehmenskommunikation und Pressesprecher ist nicht mehr zeitgemäß und muss durch ein neues Rollenmodell ersetzt werden. Der Chef der Kommunikation muss dem Chef des Unternehmens unmittelbar zugeordnet werden. Das ist Sache des Vorstandsvorsitzenden: Um dieses strategische Problem zu beseitigen, muss der CEO für die strikte Trennung der beiden Ämter oder Ressorts sorgen.

Um den CEO bei der Durchsetzung seiner kommunikativen Agenda wirkungsvoll unterstützen zu können, muss der Kommunikationchef frei sein vom operativen Druck der Tagesarbeit. Er braucht Zeit, um sich auf die Bearbeitung strategischer Themen zu konzentrieren, und muss über ausreichende Freiräume verfügen, damit er sich in Krisenfällen tatsächlich als umsichtiger Coach bewähren kann. Vor allem benötigt er die Hoheit über die wichtigsten Instrumente der Kommunikation: Public Affairs, Interne Kommunikation, Corporate Branding, PR und Sponsoring sowie die großen Themen der Pressearbeit müssen von ihm koordiniert werden.

Die zweifellos wichtigste Voraussetzung, damit Leiter des Kommunikationsbereichs ihren Einfluss auf unternehmerische Prozesse und Entscheidungen aus kommunikativer Sicht organisieren können, besteht in ihrem uneingeschränkten Zugang und ihrer Nähe zum CEO.

Nähe beruht hier allerdings auf einem persönlichen Vertrauensverhältnis, die damit verbundene Durchsetzungsfähigkeit ist immer abhängig von der Konjunktur der Beziehung zum CEO.

In der zunehmend komplexen Prozesswelt von Konzernen und Unternehmen muss die Durchsetzungsfähigkeit des Leiters Kommunikation stärker institutionalisiert werden. Das funktioniert zum Beispiel, indem der Kommunikationschef zugleich Leiter des Vorstandsbüros oder vergleichbarer Schlüsselpositionen ist. Das stellt einige Anforderungen an die Arbeitsorganisation, verschafft ihm aber notwendige Einsicht in die strategische Planung und die laufenden Geschäfte auf der Topebene. Er wird als rechte Hand des CEO wahrgenommen und hat die nötige Macht, um Interventionen im Unternehmen durchzusetzen. Das neue Funktionsmodell des Leiters Unternehmenskommunikation könnte das eines »Generalsekretärs« sein.

Einen »Generalsekretär« installieren

Wer die Kommunikation verantwortlich gestaltet, benötigt einen möglichst weit reichenden Einblick in alle relevanten Vorgänge. Das bedeutet nicht, dass der Kommunikationschef Mitglied des Vorstands sein muss – als solches würde er schnell Teil politischer Prozesse und könnte sich nicht mehr auf seine eigentlichen Aufgaben konzentrieren. Ein geeignetes Rollenmodell für den Leiter Unternehmenskommunikation ist hingegen der Generalsekretär aus der Welt der Politik. Historisch betrachtet bezeichnet der Begriff – wie die Wortzusammensetzung schon vermuten lässt – eine militärische Position, die frei übertragen einen »ranghöchsten Geheimnisträger in allen Belangen« umschreibt. Heute unterstützt der Generalsekretär in vielen Parteien die Arbeit des Parteichefs; er agiert als eine Art Hauptgeschäftsführer, organisiert Parteitage und Wahlkämpfe, kümmert sich um die Mitgliederwerbung und koordiniert die Zusammenarbeit der verschiedenen Parteigremien. In der Organisation der Vereinten Nationen ist der Generalsekretär der höchste Verwaltungsbeamte. In vielen Staaten gibt es zudem in der Ministerialbürokratie die Funktion eines Generalsekretärs, der als Amtschef die Ministerialabteilungen koordiniert.

Damit ist die Rolle des Generalsekretärs jedoch noch nicht umfassend beschrieben. Von der Wortbedeutung her steht der General neben dem Sekretär, die militärische Funktion neben der organisatorischen Rolle. In diese Doppelfunktion fließt eine stark informelle Komponente mit ein: Der Generalsekretär ist immer auch Vertrauter und persönlicher Berater – zugleich aber kein formeller Machtträger. Er ist eben nicht Mitglied des Generalstabs – oder übertragen: des Vorstands. Er steht außerhalb der Hierarchie, ist nicht eingebunden in das Machtgefüge – dennoch aber eröffnet ihm seine Rolle die Möglichkeit, Einfluss zu nehmen, wenn dies notwendig ist. Der Generalsekretär ist für uns eine Metapher, um die notwendige Doppelfunktion des Leiters Unternehmenskommunikation zu umschreiben: Denn der hat gerade nicht nur einen inhaltlich umrissenen Aufgabenbereich, sondern muss dem CEO auch als enger Berater zur Seite stehen, also als absolute Vertrauensperson. Zugleich bedarf es einer gewissen Machtposition, um auf unternehmerische Prozesse Einfluss nehmen zu können, wenn kommunikative Belange entscheidend berührt sind. Von der politischen Bühne auf Unternehmen übertragen, könnte man die Aufgaben eines Generalsekretärs folgendermaßen definieren:

Der »Generalsekretär«

- unterstützt den CEO in der täglichen Organisation des Unternehmens,
- leitet das Büro der Unternehmenszentrale,

- bereitet Gremiensitzungen vor,
- arbeitet gemeinsam mit der Unternehmensführung die unternehmerischen Leitlinien sowie die Inhalte von Kommunikationsstrategie und Programmatik aus,
- gibt die Richtung für die Kommunikation nach innen und außen vor,
- plant die zentralen Kampagnen und
- koordiniert die Kommunikation von Teilkonzernen beziehungsweise Tochtergesellschaften.

In der Funktion eines Generalsekretärs hat der Kommunikationsverantwortliche das Recht,

- an allen wichtigen Versammlungen und Sitzungen teilnehmen zu können und dort gehört zu werden,
- in kommunikationsstrategischen Belangen der Führung der Tochtergesellschaften Weisungen zu geben und
- die Allokation des Finanzbudgets für Kommunikation vorzunehmen.

Die Kommunikationsressorts Presse- und Öffentlichkeitsarbeit, Investor Relations, Public Affairs, Cultural Affairs, Sponsoring, Marketing Communications, Kundenkommunikation – wie auch immer sie heißen und zugeschnitten sein mögen – gestalten ihre Arbeitsplanung und bei Bedarf auch die tägliche Umsetzung in enger Abstimmung mit dem »Generalsekretär« oder auf dessen Weisung. Eine solche Konstruktion schafft die bestmöglichen Voraussetzungen, um eine integrierte, strategisch ausgerichtete Kommunikation durch- und umzusetzen.

Einen anspruchsvollen Sparringspartner wählen

Auch bei der Besetzung dieser Position sollte man sich vom klassischen Suchmuster verabschieden. Die Aufgaben eines »Generalsekretärs« verlangen nach einem Kandidaten, der bereits Management- und Führungserfahrung mitbringt. Darüber hinaus ist entscheidend, dass der Jobanwärter ein guter Networker ist. Unternehmerisch – und auch politisch – denkende, führungserfahrene Kommunikatoren sind gefragt. Journalistische Qualitäten sind bei der Besetzung der Position eines Leiters Unternehmenskommunikation zwar ein wichtiger Faktor, bilden aber keineswegs mehr die ausschließliche Kernkompetenz. Das bei der Besetzung von Kommunikationschef-Positionen über Jahrzehnte hinweg favorisierte Rollenmodell Journalist erweist sich immer stärker als zu eng. Denn in aller Regel haben Journalisten bedingt durch ihre berufliche Sozialisation einen anderen, oftmals einseitig ausgeprägten Background. Topmanager benötigen einen führungsstarken Kommunikator, der Erfahrungen in ganz unterschiedlichen Bereichen gesammelt hat – sei es in unterschiedlichen Kommunikationsdisziplinen oder in anderen Linien- oder Stabspositionen.

Das breite Erfahrungsspektrum ist umso wichtiger, weil die tägliche Presse- und Medienarbeit eben nicht mehr die Kernaufgabe des Chefs der Unternehmenskommunikation ist. Neben übergreifenden strategischen Planungsarbeiten rückt die Netzwerkarbeit immer stärker in den Mittelpunkt. Und zwar nicht nur mit einflussreichen Journalisten – auch aus dem Politik- und Kulturressort –, sondern auch mit Vertretern aus Verbänden, NGOs, Parteien und der politischen Administration.

Das funktionierende Netzwerk ist wichtig für die Gestaltung von Kommunikation. Anders ausgedrückt: Der Leiter der Unternehmenskommunikation plant und steuert die Meinungsbildungsprozesse im Bezug auf die großen strategischen Projekte seines Konzerns oder seines Unternehmens. Das ist seine Kernaufgabe!

Ein Kommunikationschef in der Rolle eines »Generalsekretärs« entlastet den CEO von Aufgaben im Bereich der strategischen Kommunikationsplanung und unterstützt ihn bei deren Umsetzung. Vor den Mikrofonen ist der Unternehmenschef aber immer noch allein. Er wird gemessen an seinen Versprechen und aufgrund seiner Versprecher abgeurteilt. Davon handelt das folgende Kapitel.

Anmerkungen

1   zit. n. Lianos, M./Mihm, A./Werner, T.: »Die Manager der Kommunikation«, in: *pressesprecher*, Nr. 01/2004, S. 12-15, hier S. 13
2   Bentele/Großkurth/Seidenglanz 2005, S. 10
3   ebd., S. 48

4 ebd., S. 71

5 Lianos, M. / Mihm, A. / Werner, T.: »Die Manager der Kommunikation«, in: *pressesprecher*, Nr. 01/2004, S. 12-15, hier S. 14

Kapitel 8

Vorstände haften für ihre Versprecher

CEOs werden an ihren Versprechen gemessen und aufgrund
ihrer Versprecher abgeurteilt. Schnell schnappt die
Skandalisierungfalle zu – diesen Mechanismus der Mediengesellschaft müssen sich CEOs vor Augen halten.
Kommunikation in den politischen Raum wird zu einer zentralen Notwendigkeit für Unternehmen.

»Das teuerste Interview der Geschichte«, titelte *die tageszeitung* am 11. De-
zember 2003. Und im *Handelsblatt* lautete die Schlagzeile am selben Tag
»Schweigen ist Gold – oder der teuerste Spruch des Rolf E. Breuer«. Tags
zuvor hatte das Oberlandesgericht München dem Medienunternehmer Leo
Kirch einen grundsätzlichen Anspruch auf Schadenersatz gegen die Deutsche Bank wegen Verletzung des Bankgeheimnisses zuerkannt. Der Grund:
Im Februar 2002 hatte der damalige Vorstandssprecher der Deutschen
Bank, Rolf E. Breuer, in einem Interview mit dem Fernsehsender *Bloomberg
TV* die Kreditwürdigkeit der Mediengruppe angezweifelt. »Was man alles
lesen und hören kann, ist, dass der Finanzsektor nicht bereit ist, auf unver-
änderter Basis noch weitere Fremd- oder Eigenmittel zur Verfügung zu stellen«, so Breuer.[1] Die Banken drehen Kirch den Geldhahn zu – das war *die*
Wirtschaftsmeldung des Tages. Die Folge: Wegen der Spekulationen um die
finanzielle Lage des Mutterkonzerns brach der Aktienkurs der Kirch-Toch-
ter ProSiebenSat.1 Media AG um zeitweise fast 13 Prozent ein. Nur zwei
Monate später war die Kirch-Gruppe pleite.

Die Frage: Hatte Breuer mit seiner Äußerung über seinen Kunden nicht
nur gegen ein ungeschriebenes Gesetz der Banker verstoßen, sondern die
Insolvenz quasi herbeigeredet? In der finanziell prekären Situation, in der
sich Kirch damals befand, waren, wie *Die Welt* kommentierte, »negative
Äußerungen eines Kreditgebers zur Zahlungsunfähigkeit seines Kunden
Sprengstoff pur«.[2]

Für Leo Kirch war der Fall klar: Breuers Bloomberg-Interview »war meine Schlachtung, und es war sehr effektiv. Das war keine unbedachte Äußerung. So einen gedrechselten Satz sagt man nicht einfach so. Das war abgestimmt, mit Anwälten abgesprochen«[3], klagte Kirch gegenüber der Presse an. Der Unternehmer zog vor Gericht – und bekam Recht. Nach einem jahrelangen Rechtsstreit entschied der Bundesgerichtshof im Januar 2006, dass Breuer durch seine öffentliche Äußerung über Kirchs Kreditwürdigkeit vertragliche Pflichten gegenüber der Kirch-Gesellschaft verletzt hatte. Breuer trat daraufhin als Aufsichtsratschef der Deutschen Bank zurück; dem Aufsichtsrat teilte er mit, er wolle die Bank nach dem Urteil »von weiteren Diskussionen um seine Person entlasten«.[4] Dem größten deutschen Kreditinstitut drohen nun millionenschwere Schadenersatzforderungen, für die Rolf E. Breuer nach Meinung von Experten mit seinem Privatvermögen haftbar gemacht werden könnte, sollten die Versicherungen nicht zahlen.[5] Das wäre dann in der Tat das teuerste Interview der Geschichte.

Die Milliardenklage, die der Deutschen Bank noch bevorsteht, hat DaimlerChrysler und dessen Ex-Vorstandsvorsitzender Jürgen Schrempp bereits hinter sich. Der Rechtsstreit entspann sich um die Fusion zwischen Daimler und Chrysler. Denn der Milliardär und Investor Kirk Kerkorian wähnte sich als Chrysler-Großaktionär bei der Fusion betrogen. Der Zusammenschluss mit Chrysler sei von Anfang an als Übernahme geplant gewesen, aber als Fusion unter Gleichen kaschiert worden, behauptete Kerkorian und zog vor Gericht. Sein Argument: Bei einer Übernahme hätte ihm als damals größtem Chrysler-Aktionär ein höherer Aufschlag auf den Aktienpreis zugestanden, als dies bei einer Fusion der Fall war.

Wieder waren es Äußerungen gegenüber den Medien, die eine Prozesslawine auslösten. Nachdem sich Schrempps formal gleichberechtigter Co-Chairman Bob Eaton im Frühjahr 2000 mit einer üppigen Abfindung in den vorzeitigen Ruhestand verabschiedet hatte, vergaß der nunmehr alleinige Chef der »Welt-AG« alle Zurückhaltung. Gleich in mehreren Interviews berichtete Schrempp freimütig, dass er Chrysler stets als eine von vielen Divisionen im globalen Autokonzern gesehen habe. Den »merger of equals« habe er vorschieben müssen, um die Chrysler-Leute nicht zu verschrecken. Für Kerkorian war das die »smoking gun« – der Beleg, dass seine Behauptung einer faktischen Übernahme richtig war. Dennoch war seiner Klage auf Schadenersatz in Höhe von 1,2 Milliarden Dollar kein Erfolg beschieden: Das zuständige Gericht in Wilmington (Delaware) wies das Begehren des in Las Vegas lebenden ehemaligen Boxers ab. Doch hatte Kerkorians Vorstoß einige Kleinaktionäre auf den Plan gerufen, die sich ebenfalls übervorteilt sahen. Diese erstritten bei einem Vergleich mit DaimlerChrysler dann eine Abfindung in Höhe von 300 Millionen Dollar. Viel Geld für ein paar Worte. Warum sich die Kleinanleger im Gegensatz zum Großaktionär durchsetzen konnten, kommentierte der New Yorker Anwalt Robert Zito gegenüber der Wirtschaftsagentur Bloomberg so: »Die Lektion ist klar: Die Gesetze schützen Otto Normalverbraucher, wenn er investiert, aber nicht so gewiefte Leute wie Kerkorian, die die nötigen Mittel haben, Unternehmen und Transaktionen unter die Lupe zu nehmen, ehe sie sich engagieren«.[6]

Manager im Fokus der Öffentlichkeit

Unbedachte Äußerungen, falsche Versprechungen, Fehltritte und kriminelle Machenschaften von Topmanagern stehen seit Ende der neunziger Jahre sowohl in den USA als auch in Deutschland verstärkt im Fokus der Staatsanwaltschaften und auch der Meiden. Hierfür gibt es ein ganzes Bündel von Ursachen. Maßgeblichen Anteil hatten mit Sicherheit der Börsen-Crash und die damit verbundene Vernichtung von Milliardenwerten. Nun schauten Anleger und die Öffentlichkeit genauer hin, wenn Unternehmen Erfolgsmeldungen verkündeten. Ein Übriges taten die großen Firmenzusammenbrüche und Skandale in den USA, die nicht nur die Wirtschaftswelt erschütterten, sondern auch die Pensionsfonds in Mitleidenschaft gezogen und die Altersversorgung von Millionen Menschen vernichtet hatten. Der Trend kehrte sich um: Mit der gleichen Leidenschaft, mit der Wirtschaftsjournalisten in New-Economy-Zeiten überbewertete Start-ups hochgeschrieben hatten, konzentrieren sie sich nach dem Crash auf die Aufklärung unlauterer Machenschaften von Vorständen. Auch staatliche Institutionen, Politik und Justiz profilieren sich verstärkt als Schützer der Interessen des »kleinen Mannes«. In der politischen Öffentlichkeit entwickelt sich eine starke Gegenbewegung zur Globalisierung, die von einem weltweiten Netzwerk von NGOs getragen ist und Kampagnen gegen Unternehmen und symbolträchtige Ereignisse in Gang setzt. Nicht zuletzt gewinnen die Debatten um Managergehälter und Unternehmensgewinne vor dem Hintergrund einer forcierten Restrukturierung der Unternehmen an Schärfe. Steigende Gewinne und satte Gehaltssteigerungen für das Topmanagement bei gleichzeitigen Stellenkürzungen waren einer breiteren Öffentlichkeit nicht zu vermitteln. In eine ähnliche Richtung wirkte die vom damaligen SPD-Vorsitzenden Franz Müntefering vom Zaun gebrochene Kapitalismusdebatte, bei der auch Neidmotive eine Rolle spielten. Das betraf nicht nur die Managergehälter, die in der Öffentlichkeit stets mit Arbeiterlöhnen verglichen wurden, um ihre angeblich exorbitante Höhe zu unterstreichen, sondern auch die Nachwehen der New Economy: Nach dem Platzen der Börsenblase blieb bei vielen Kleinanlegern in Deutschland der bittere Nachgeschmack, dass Banken, institutionelle Anleger und professionelle Börsianer rechtzeitig den Absprung geschafft hatten, während ihr Geld verbrannt war.

Doch auch ökonomische Gründe spielen eine Rolle. Das wachsende Gewicht der Finanzmärkte, die fortschreitende Globalisierung und das schnell um den Globus fluktuierende Kapital lassen die Volatilität der Märkte wachsen; die damit einhergehende Unübersichtlichkeit lässt Analysten und Shareholder nun umso genauer hinschauen. Mit der Globalisierung geht zudem eine Globalisierung der Regeln einher. So ist es für viele deutsche Unternehmen ein Prestigegewinn, an der New York Stock Exchange (NYSE) notiert zu sein. Die Folge: Die Aktiengesellschaft muss die zwingenden Regeln der NYSE und der US-amerikanischen Kapitalmarktaufsichtsbehörde Securities and Exchange Commission (SEC) befolgen. Nicht zuletzt gewinnen – als Folge der Verwerfungen – Legalitäts- und Ethikfragen im internationalen Rahmen dramatisch an Bedeutung.

Die »gute« Unternehmensführung wurde zum Thema. Es war der damalige Bundeskanzler Gerhard Schröder, der im Jahr 2000 eine Regierungskommission zur Corporate Governance einsetzte. Das nach seinem Präsidenten Gerhard Cromme, dem Aufsichtsratsvorsitzenden der ThyssenKrupp AG, als »Cromme-Kommission« bekannt gewordene Gremium hatte u. a. den Auftrag, Grundsätze der guten Unternehmensführung zu erarbeiten. Der 2002 erstmals vorgelegte Corporate-Governance-Kodex für börsennotierte Unternehmen soll mehr Transparenz in die Strukturen und das unternehmerische Handeln zu bringen. Doch gibt es keine juristische Handhabe gegen Unternehmen, die noch nicht einmal die Minimalanforderungen erfüllen. Dennoch hat sich nach Einschätzung des Kommissionspräsidenten die Akzeptanz des Kodex verbessert, Empfehlungen der Kommission hätten sich weitgehend durchgesetzt.[7]

Alarmiert durch die Missstände, die vor wenigen Jahren den Neuen Markt in Verruf gebracht hatten, versucht der Gesetzgeber, unsaubere Machenschaften durch Strafandrohung und Haftbarmachen von Managern zu unterbinden. Vor diesem Hintergrund sind auch Gerichtsentscheidungen zu sehen, mit denen Manager verstärkt in Haftung genommen werden. So hat beispielsweise der Bundesgerichtshof im Sommer 2004 in mehreren Urteilen entschieden, dass Vorstandsmitglieder für fehlerhafte Ad-hoc-Mitteilungen wegen vorsätzlicher Schädigung haften. Zudem erleichtert es die Rechtsprechung der jüngsten Vergangenheit, Vorstände, CEOs und Geschäftsführer bei Schadenersatzansprüchen persönlich haftbar zu machen.

Wirtschaftsgeschehen auf der Ebene von Konzernen und Unternehmen ist zu einer öffentlich verhandelten Angelegenheit geworden. Es steht im Brennpunkt öffentlicher Debatten. Während früher in erster Linie politische Fragen Kontroversen auslösten, sind es heute vor allem wirtschaftliche Themen, die die Öffentlichkeit polarisieren. Diese öffentliche Aufmerksamkeit bereitet den Boden für Skandalisierungskampagnen, die vor allem von politischen Journalisten vorangetrieben werden. Für die Topmanager bedeutet das: Sie stehen vielfach im Rampenlicht, werden damit zu öffentlichen Personen. Im Hintergrund zu agieren fällt zunehmend schwer. Bühnen und Mitspieler sind vielfältiger geworden und damit auch die Wahrnehmung durch die verschiedenen Share- und Stakeholder. Eine kritische Öffentlichkeit schaut nicht mehr in erster Linie den politischen Führungspersonen »aufs Maul«, sondern auch den Menschen an den wirtschaftlichen Schalthebeln. Kurz: CEOs werden an ihren Versprechen gemessen und aufgrund ihrer Versprecher abgeurteilt. Es wird kritisch, Dinge ins Blaue hinein zu äußern. »Was interessiert mich mein Geschwätz von gestern?« ist eine Floskel von gestern – arrogant und heutzutage nicht mehr praktikabel. Heute wird jedes Geschwätz genauestens dokumentiert. Immer mehr gespeicherte Informationen sind immer schneller verfügbar. Versprechen und Versprecher holen denjenigen, der sie gemacht hat, damit viel schneller ein als noch vor Jahren. Zudem laufen Skandalisierungskampagnen in einer hoch getakteten und personenfixierten Medienöffentlichkeit mit rasender Geschwindigkeit. Im Kommunikations- und Informationszeitalter haben wir es rund um den Globus mit Real-Time-Effekten zu tun. Medien kennen keine Zeitzonen mehr. Was in New York, Tokio oder Beijing gesagt wird, ist binnen weniger Sekunden auf den deutschen Medientickern, auf den Internetseiten der Wirtschaftszeitungen, aber auch auf den Intranetseiten der Unternehmen abzurufen. Kurzum: Alle Informationen haben für alle Märkte gleichzeitig Bedeutung.

Manager auf Toppositionen sind in der Kommunikationspflicht – im Rahmen von institutionellen Terminen, zum Beispiel bei der Vorlage von Quartals- und Jahresberichten, gegenüber den Medien, aber auch gegenüber Shareholdern und Mitarbeitern und nicht zuletzt auch gegenüber einer zunehmend kritischen Öffentlichkeit. Die angesprochene Globalisierung der Regeln und die spezifischen Anforderungen an die Finanzkommunikation tun ein Übriges und schaffen neue Komplexität.

Unternehmen haben nicht nur das Wirtschafts- und Aktienrecht ihres Stammlands zu beachten, sondern aller Länder, in denen sie tätig sind und in denen ihre Aktien gehandelt werden. Diese wachsende Komplexität ist der entscheidende Grund für die Entwicklung einer One-Voice-Policy, die der Vielfalt durch Kontrolle und Pflicht zu einer einheitlichen Linie in der Kommunikation Herr zu werden sucht (siehe Kapitel 5). Doch auch in Unternehmen, die nicht auf One Voice als Instrument der Regelkommunikation setzen, wächst die Bedeutung rechtlicher Fragen in der Unternehmenskommunikation. Fast alle US-amerikanischen Unternehmen, die in Deutschland agieren, lassen jede Presseinformation vor der Veröffentlichung von Wirtschaftsprüfern und Juristen auf verschiedene Legalitätsaspekte hin überprüfen. Besonders deutlich zeigt sich die Tendenz zur Verrechtlichung der Kommunikation auf Hauptversammlungen börsennotierter Unternehmen, bei denen hinter den Kulissen Heerscharen von Juristen, Wirtschaftsprüfern und PR-Profis darüber wachen, dass kein Statement abgegeben wird, ohne auf alle juristischen Unwägbarkeiten hin abgeklopft worden zu sein. Das trage »teilweise groteske Züge«[8], kritisierte der Investor, Unternehmer, Journalist und Börsianer Karl-Walter Freitag in einem Gespräch mit dem Wirtschaftsmagazin *brand eins*. Hunderte von Aktionärsfragen würden durchgespielt, »teilweise werden Juraprofessoren eingeflogen, die in Dummy-Hauptversammlungen die bösen Opponenten spielen müssen«. In der Hauptversammlung werde dann die Kommunikation hinter den Kulissen gemacht: »Dort befindet sich eine Art Dark Room, in dem Kohorten von Anwälten, Wirtschaftsprüfern, PR-Beratern und Stenografen die Fragen aufnehmen und eine Antwort zusammenschneidern, die der Vorstand dann nur noch vom Blatt abzulesen hat«, so der Kritiker. Ein besonders krasses Beispiel bildete nach Auffassung von Freitag die Hauptversammlung der Celanese AG im Jahr 2005. Dort standen »20 Rechtsanwälte aus fünf Kanzleien und Dutzende anderer Berater hinter den Kulissen gerade einmal 20 Aktionären gegenüber«, berichtet Freitag.

Angesichts der immer komplexeren Rahmenbedingungen ist es erstaunlich, dass das Risikobewusstsein in Bezug auf die eigene Kommunikation in den Vorstandsetagen vielfach nur gering ausgeprägt ist. Zwar schreibt das Gesetz zur Kontrolle und Transparenz im Unternehmensbereich (KonTraG) die Einrichtung eines Risikomanagements sowie eine entsprechende Berichterstattung im Jahresabschluss zwingend vor. Wie der Autor und Unternehmensberater Manfred Piwinger in dem *Praxisbuch Investor Relations* richtig feststellt, ist die Kommunikation darin jedoch ein weißer Fleck: »In keinem der Risikoberichte der letzten Jahre der DAX 30-Unternehmen findet sich darüber auch nur ein einziges Wort. Dabei ist Kommunikation per se risikobehaftet. Falsche, zum falschen Zeitpunkt veranlasste, missverständliche, unvollständige bzw. unterbliebene Information und Kommunikation beinhaltet hohe Unternehmensrisiken und kann im Einzelfall zu beträchtlichen Schadensersatzansprüchen führen.«[9]

Auf die wachsende Bedeutung der Kommunikation hat auch Stefan Kirsten, Mitglied des Vorstands von ThyssenKrupp, hingewiesen. Im Rahmen der Jahrestagung 2003 der Schmalenbach-Gesellschaft vertrat er die Ansicht, dass Unternehmen ihr Augenmerk statt auf Sachrisiken künftig zunehmend auf Reputationsrisiken richten müssten. Reputation und Glaubwürdigkeit würden zu einer entscheidenden Grundlage der Geschäftstätigkeit der Unternehmen. »Die Herausforderung für die Unternehmen heute ist es, an ihrer Reputation zu arbeiten«[10], betont Bernhard Bauhofer, Autor des Buches *Reputation Management*. Bauhofer sieht hier vor allem den CEO in der Pflicht: Er muss »die Person sein, die permanent mit den Stakeholdern im Dialog steht und von daher als Erster spürt, wie es um die Glaubwürdigkeit bestellt ist und wann Krisen im Anzug sind. Im Grunde ist der CEO eine Art Frühwarnsystem. Aber wenn der CEO diese Sensibilität, die Empathie und die Nähe zu den wichtigsten Entscheidungsträgern nicht hat, dann kann das schnell zum Problem für das Unternehmen werden.«

Doch ist das Bewusstsein für Reputationsrisiken bei zahlreichen Topmanagern eher gering ausgeprägt. Viele unserer Beispiele zeigen, dass CEOs – im Gegenteil – oftmals Auslöser von Glaubwürdigkeitskrisen waren, und das meist deshalb, weil sie ihr Kommunikationsverhalten nicht auf die unterschiedlichen Denk- und Handlungsweisen bestimmter Bezugsgruppen abgestellt hatten. Führt dann zum Beispiel eine unbedachte Äußerung, ein Versprecher, zu einem Gesichts- und Glaubwürdigkeitsverlust, weil Journalisten das Thema aufgreifen und skandalisieren, folgt meist die zweite Wahrnehmungsdivergenz: Weil der CEO die Wahrnehmungsmuster seiner Stakeholder – in diesem Fall der Journalisten – nicht antizipiert, sieht er sich als Opfer einer inszenierten Kampagne. So entsteht eine »Wagenburg-Mentalität«, die Effekte und Wirkungen noch verstärkt. Nicht Rückzug und Abschottung, sondern eine offensive und zielgerichtete Kommunikation ist gefragt! Voraussetzung hierfür ist eine Analyse der Wahrnehmungsdivergenzen und der Folgen. Auf den Punkt gebracht hat dies Klaus Kocks, der es als Unternehmenssprecher bis in den Vorstand des VW-Konzerns gebracht hat und heute als Kommunikationsberater arbeitet: »Als öffentliche Person ist man für den Grad seiner Missverstehbarkeit verantwortlich.«[11]

Unternehmerisches Handeln auf politischer Bühne

Von zentraler Bedeutung für die Beurteilung der jüngsten Kampagnen ist ein Bühnenwechsel, der in den letzten Jahren stattgefunden hat: Wirtschaftsthemen werden zunehmend auf der politischen Bühne behandelt. Immer öfter sehen sich Unternehmen und ihre Lenker in politische Diskussionen verstrickt. Nicht mehr nur Analysten und Wirtschaftsredakteure, sondern vermehrt die politischen Akteure und Meinungsbildner urteilen über Deutschlands Konzernchefs. Die Erwartungen an die Unternehmen steigen gerade in Zeiten, in denen die Leistungsfähigkeit des Staats abnimmt. Unternehmerische Entscheidungen haben gesellschaftliche oder volkswirtschaftliche Folgen, dadurch geraten Entscheidungsträger immer stärker ins Visier von Politik und Politikjournalisten. Ihre Rolle wird politisiert und auf die politische Bühne verlagert. Hier geht es nicht in erster Linie um Performance-Daten – hier gelten andere Perspektiven, Wertesets und Fragestellungen. Unternehmerisches Handeln wird hier nicht aus der Shareholder-

Nutzen-Perspektive wahrgenommen, sondern auf ihren Beitrag zum Gemeinwohl hin abgefragt. Dabei sehen sich Unternehmen und ihre Manager immer mehr dem Verdacht ausgesetzt, nur den Shareholder-Value im Blick zu haben.

Exemplarisch zeigte sich das Bewertungsmuster als Siemens im Frühsommer 2006 in einem spektakulären Schritt seinen Geschäftsbereich für Telefon- und Kommunikationstechnik mit dem Konkurrenten Nokia zusammenlegte. Die *Süddeutsche Zeitung* kommentierte: »Hier werden nicht nur 40 000 Beschäftigte verschoben, hier verabschiedet sich Deutschlands wichtigster Technologiekonzern von einem Kerngeschäft, weil es die ehrgeizigen Renditeziele des neuen Vorstandsvorsitzenden Klaus Kleinfeld nicht erreicht.«[12] Grund für den Schritt sind diesem Leitartikel zufolge nicht die gravierenden technologischen Veränderungen, die es als zweifelhaft erscheinen lassen, ob es in einigen Jahren so etwas wie Festnetztelefone noch geben wird. Auch die Verschiebung der Gewichte im Markt, die nach dem Zusammenschluss von Alcatel und Lucent den Konsolidierungsdruck auf die Branche steigen ließ, ist hier nicht das Thema. Das wurde in der Berichterstattung der Zeitung zwar klar herausgearbeitet, der Leitartikel hingegen brandmarkte die Shareholder-Fixierung: »Kleinfeld ist ein Mann nach dem Geschmack der Analysten und Kapitalanleger, die schnelle Erfolge und schlichte Strategien wollen.«

Wenn Wirtschaftsthemen im politischen Teil der Zeitungen oder gar auf deren Meinungsseiten aufgegriffen werden, dann wandeln sich die Beurteilungskriterien. Das Beispiel Siemens und *Süddeutsche Zeitung* belegt anschaulich den Wechsel von der ökonomischen zur politischen Bewertung. Verstärkt wird dieser Effekt, wenn Politikjournalisten sich wirtschaftlicher Themen annehmen. Dies war vor allem während der Kapitalismusdebatte der Fall, die klar von den Politikressorts dominiert war. Politikjournalisten prägt ein anderes Mindset als ihre Kollegen aus »der Wirtschaft«. Sie interessieren sich für andere Themen und urteilen nach anderen Kriterien als Wirtschaftsjournalisten. Sie neigen eher dazu, nicht die betriebswirtschaftlichen Fakten und Notwendigkeiten hervorzuheben, sondern konzentrieren sich auf die Beschreibung der sozialen, politischen oder volkswirtschaftlichen Folgen. Die Ergebnisse der von *Deekeling Arndt Advisors* beim Allensbach-Institut in Auftrag gegebenen Umfrage verdeutlichen die unterschiedlichen Perspektiven von Wirtschafts- und Politikjournalisten. So geben 50 Prozent der Wirtschaftsjournalisten auf die Frage nach Kriterien für die Bewertung eines CEO an, dass die Performance des Unternehmens dabei sehr wichtig sei. Lediglich elf Prozent der Politikjournalisten teilen diese Einschätzung. Über 33 Prozent der Wirtschaftsjournalisten, aber nur etwa 22 Prozent der Politikjournalisten nennen »persönlichen Erfolg« als Entscheidungskriterium. Politikjournalisten erachten dagegen »Bodenständigkeit / Bescheidenheit«, »Personalführung« oder auch »Mut zur Veränderung« als besonders wichtig. Und bei der Frage nach den größten Kommunikationsfehlern deutscher Vorstände nannten 95 Prozent der befragten Politikjournalisten die Deutsche Bank, aber nur 79 Prozent der Wirtschaftsjournalisten, 65 Prozent der Leiter Unternehmenskommunikation und 39 Prozent der Analysten. Dies unterstreicht die klare Divergenz in den Mindsets der unterschiedlichen Gruppen.

CEOs müssen ihre Kommunikationsagenda darauf ausrichten. Kommunikation in den politischen Raum wird zu einer zentralen Notwendigkeit für Unternehmen. Grundsätzlicher formuliert: Es muss etwas getan werden für eine andere Wahrnehmung des Unternehmers in Deutschland – und das ist eine der wichtigsten Aufgaben der CEO-Kommunikation. Der Unternehmensvorstand muss die Prozessmuster der politischen Meinungsbildung antizipieren und nutzen lernen, will er nicht zum Spielball der Politik werden. Diese Gefahr besteht insbesondere dann, wenn Konzerne oder Unternehmen in hochsensiblen Märkten agieren und damit unter verstärkter öffentlicher Beobachtung stehen. Dies gilt vor allem für Unternehmen aus den Bereichen Energie, Infrastruktur, Gesundheit und Altersvorsorge.

Die zentrale Frage lautet: Wie positionieren sich Unternehmen in der politischen Meinungsbildung? Die Zielrichtung ist dabei klar: Unternehmen und ihre führenden Repräsentanten müssen sich in Richtung Politik öffnen, um gleichberechtigter Diskurspartner zu werden. Das ist keineswegs so schwierig, wie es klingen mag. Denn die Politik ist offen für Impulse aus der Wirtschaft, ja, sie hegt diesbezüglich sogar eine Erwartungshaltung. Das bedeutet, dass sich Unternehmen ihrer Rolle als verantwortlicher Teil dieser Gesellschaft bewusst werden und Impulse für die Lösung von Zukunftsfragen geben müssen – auch jenseits der Durchsetzung unmittelbarer betriebswirtschaftlicher Interessen, z. B. in Form ihrer lobbyistischen Aktivitäten.

Dies birgt zugleich große Chancen für die Unternehmen. Zum einen zeigen sie Verantwortung für das Gemeinwesen und ziehen sich nicht auf ihren rein ökonomischen Beitrag zum gesellschaftlichen Wohlstand zurück. Zum anderen stärkt ein aktiver Beitrag ihre gesellschaftliche Rolle und Wahrnehmung und erhöht die Durchsetzungschancen ihrer Vorschläge und Beiträge. Das erfordert allerdings eine Veränderung von Rollenverständnis und Selbstwahrnehmung: Unternehmen und Unternehmenslenker müssen begreifen, dass sie eine öffentliche und damit politische Rolle innehaben und Teil des politischen Meinungsbildungsprozesses sind. Ob sie wollen oder nicht – sie spielen in einer offenen Gesellschaft diese Rolle. Dies zu akzeptieren bedeutet:

- zu erkennen, welche Bedürfnisse die Politik hat und welchen Handlungsmustern sie folgt;
- zu erkennen, dass Politiker unter bestimmten Zwängen stehen, die eine Meinungsbildung gegen Unternehmen begünstigen – man mag dies Populismus nennen oder nicht, die Handlungsmaximen eines beinahe permanenten Wahlkampfs begünstigen ein solches Vorgehen;
- zu erkennen, welches Risikopotenzial politische Meinungsbildungs- und Willensbildungsmechanismen für die eigene Branche und das eigene Unternehmen bergen;
- zu erkennen, dass kapitalmarktfixierte Entscheidungspraxis auf politische Widerstände treffen kann und diese Widerstände unternehmerisches Handeln erheblich einschränken können;
- zu erkennen, dass jenseits der Parteigrenzen und der erlernten politischen Handlungsmuster auch große Chancen im Dialog mit der Politik liegen. Sie zu nutzen heißt Handlungsspielräume zu verteidigen und auszubauen.

Wird die wachsende Bedeutung der Kommunikation in den politischen Raum unterschätzt, so hat es weitreichende Folgen: Politikjournalisten wirken ja nicht nur durch publizistische Präsenz. Sie haben im Hintergrund auch als Sparringspartner der Politik weit größeren Einfluss auf die Entstehung politischer Kampagnen, als den meisten Unternehmen bewusst ist. In den Politikressorts werden Kampagnen vorangetrieben. Das zeigen auch die Ergebnisse der Medienanalyse, die *Deekeling Arndt Advisors* von April bis Juli 2005 zum Verlauf der so genannten »Kapitalismusdebatte« durchgeführt hat. So lassen sich im beobachteten Zeitraum 57 Prozent der Beiträge dem Politik- bzw. Kulturressort zuordnen, während auf das Wirtschaftsressort mit 43 Prozent weitaus weniger entfallen. Die Kapitalismusdebatte wurde also klar von den Politikjournalisten dominiert. Unternehmen geraten ins Visier von Meinungsbildnern, die sie bislang überhaupt nicht auf dem Radar hatten. Das bedeutet: Auch CEOs müssen lernen, sich auf politischen Bühnen zu bewegen. Wer nur auf den Applaus des Kapitalmarkts abzielt, für den kann die Vorstellung schnell zu Ende sein. Im Folgenden stellen wir die wichtigsten Tipps im Umgang mit Medien und Öffentlichkeit vor.

Durch akribische Vorbereitung Souveränität gewinnen

Viele Topmanager halten sich für gute Redner. Doch nur die allerwenigsten sind es wirklich. Und selbst dann sind sie vor gravierenden Patzern nicht gefeit. So gilt Rolf E. Breuer durchaus als begabter Redner, und doch unterlief gerade ihm einer der möglicherweise folgenschwersten »Versprecher« der deutschen Wirtschaftsgeschichte. Man muss sich vor Augen halten, dass die Mehrzahl aller Auftritte eines Vorstands öffentlich ist, gleichwohl, ob sie intern oder extern stattfinden. Politik besteht zu einem nicht unwesentlichen Teil aus dem Öffentlichmachen von internen Vorgängen; und in dem Maße, wie sich Wirtschaft politisiert, steigt auch hier das öffentliche Interesse an Interna aus den Unternehmen. Weil Vorstandsauftritte zunehmend auf öffentliche Aufmerksamkeit stoßen, müssen sie auch auf mediale Wirkung hin analysiert und geplant werden. Leichtfertigkeit erhöht die Gefahr von Missverständnissen und Pannen, die zu einer Blamage führen und damit die Reputation des Unternehmens in Frage stellen können. Eine optimale Vorbereitung der eigenen Auftritte sollte deshalb Pflicht sein, denn nur sie hilft, Patzer und Fehler zu vermeiden. Sorgfältige Vorbereitung ist allerdings noch längst keine Regel. »Nicht selten müssen sich Kommunikationsleute darauf verlassen, dass die Repräsentanten ad hoc ihre Form finden«, berichtet der renommierte Coach Stefan Wachtel von ExpertExecutive, der Spitzenmanager vor ihren Auftritten berät.[13] Die Folge: »Oft genug macht der Vorstand im Auftritt Aussagen, die nicht aus der Vorarbeit hervorgehen«, kritisiert Wachtel. Für die Vorbereitung empfiehlt er mehrere Stufen, u. a.: »I: Aufbereiten von Unternehmensdaten für den Aufttitt, II: Vorerfahrungen, Interessen und Befürchtungen des Publikums aufbereiten, III: Zielsätze erarbeiten.«[14] Folgende Fragen sollten dabei bedacht werden: Was ist die Botschaft, die ich vermitteln möchte? Welches Signal soll von meiner Rede ausgehen? Mit welchen Erwartungen des Publikums muss ich rechnen? Wie setzt sich das Publikum zusammen? Ausgehend von diesen Fragen muss sich der CEO selbst in die Vorbereitung einbringen. Wer diese Arbeit nachgeordneten Stäben überlässt, riskiert Fehler und Unstimmigkeiten in seinem Auftritt.

Mit einer eigenen Rededramaturgie Glaubwürdigkeit schaffen

Statt sich mühsam an vorgefertigten – und meist überladenen – PowerPoint-Charts entlangzuhangeln, braucht der CEO eine eigene, glaubwürdige Rededramaturgie. Sie orientiert sich an der gesprochenen, nicht der geschriebenen Sprache und sollte am besten im engen Dialog mit einem Coach vorbereitet werden. Von ausformulierten, in exaktem Schriftdeutsch verfassten Redemanuskripten ist hingegen abzuraten – sie engen den Redner stark ein und lassen wenig Raum für einen authentischen, persönlichen Vortragsstil. Besser geeignet sind Stichwort-Manuskripte, die dem CEO bei der Vorbereitung als Leitfaden dienen. Die Rede nach einem Stichwortmanuskript – als Mittelding zwischen Redemanuskript und freiem Vortrag – empfiehlt auch Stefan Wachtel: »Die Dramaturgie der Rede ist vorweg geplant, die Satzplanung erfolgt erst während der Rede. Nur diese Form der Rede eröffnet die Chance, die strategisch gewollte Wirkung zu erzielen.«[15] Vor allem gilt: Keine Rede vor Publikum ohne vorherige Probe! Je souveräner der CEO den Stoff beherrscht, über den er spricht, desto freier kann er sich in der Redesituation bewegen und mit Erfolg improvisieren.

Sich auf Interview-Situationen vorbereiten und für kritische Fragen wappnen

Die bereits erwähnten »Peanuts« von Hilmar Kopper sind legendär. Ebenso das böse Wort vom »Wohlstandsmüll«, als den der ehemalige Nestlé-CEO Helmut Maucher Anfang der neunziger Jahre Sozialhilfeempfänger bezeichnete. Wie auch Rolf E. Breuers teurer Satz über die Zahlungs(un)fähigkeit der Kirch-Gruppe fielen diese beiden Äußerungen nicht in einer Rede, sondern in Interview-Situationen, auf die die Betroffenen offenbar nicht optimal vorbereitet waren. Deshalb ist es keine Banalität darauf hinzuweisen, dass Interviewsituationen zu planen sind. Routine führt schnell zu Lässigkeit. Schon bei der Terminvereinbarung sollte man mit dem Journalisten über das Ziel seiner Recherche sprechen und ihn bitten, den inhaltlichen Rahmen des Gesprächs abzustecken. Die Fragen vorher schriftlich zu übermitteln wird hingegen als Ausdruck von Unsicherheit oder Misstrauen interpretiert und schützt zudem nicht vor überraschenden Zusatzfragen. Besser ist es, sich auf kritische Fragen genau vorzubereiten und sie gelassen und souverän zu parieren. Deshalb sollte man bei der Vorbereitung eines Interviews Schönfärberei vermeiden und unangenehme Aspekte nicht ausklammern. Im Hinblick auf Fragen zum operativen Geschäft empfiehlt sich eine klare Rollenaufteilung mit anderen Vorständen und Führungskräften. Und nicht zu vergessen: Interviews, die in schriftlicher Form erscheinen, sollte man sich vor Veröffentlichung zur Autorisierung vorlegen lassen!

Der Eitelkeit widerstehen und externe Maßstäbe zulassen

»Macht verzerrt die Wahrnehmung«, heißt es in einem Beitrag des Online-Magazins *changeX*.[16] Diese wirke wie ein Zerrspiegel, der den, dessen Bild sich in ihm spiegelt, groß und bedeutend erscheinen lässt. Das ist das Problem vieler Mächtiger: Ihre Macht prägt ihre Selbstwahrnehmung; ihr Selbstbewusstsein wächst mit der Bedeutung der Position, die sie bekleiden. Und weil, wer Macht hat, sich meist willfähriger Zustimmung seiner Umgebung sicher sein kann, fehlt es oft an ehrlichem Feedback. Die Folge: Eigenbild und Fremdbild klaffen auseinander. Um es deutlicher zu sagen: Viele Vorstände halten sich für wahre Entertainer, denen es mühelos gelingt, Säle voller Mitarbeiter, Kunden, Medienvertreter oder Analysten zu unterhalten. Oder für Medienprofis, die jede Interviewsituation aus dem Stegreif meistern. Wer es ganz nach oben geschafft hat, ist anfällig für den »Bazillus« Abgehobenheit. Vorstände legen auf erstklassige Bilanzzahlen großen Wert. Doch allzu oft überstrahlt ihr wirtschaftlicher Erfolg Schwächen auf anderen Gebieten. Die Kommunikation gehört in der Regel dazu. Deshalb ist es wichtig, den Automatismus der Macht zu durchbrechen und sich – bewusst – externen Maßstäben zu stellen. Korrektive sind unverzichtbar, sei es die Familie, ein Coach oder eine andere starke Persönlichkeit, die nichts mit dem Arbeitsumfeld und der Branche des CEO zu tun hat. Da prallen dann mitunter Welten aufeinander.

Es ist eine Gratwanderung: Dem »Bazillus« Abgehobenheit zu entgehen, und doch eine gelungene Selbstinszenierung zustande zu bringen. Dies verlangt, im Mittelpunkt zu stehen und doch die eigene Rolle zu reflektieren. Im nächsten Kapitel geht es um das Ergebnis gelungener Selbstinszenierung.

Anmerkungen

1 zit. n. o.V.: »Breuers Äußerung zu Kirch ruft Entrüstung hervor«, in: *Frankfurter Allgemeine Zeitung*, 06.02.2002

2 Schwaldt, N.: »Den Schaden hat Breuer«, in: *Die Welt*, 06.05.2002

3 zit. n. Jakobs, H.-J.: »Erschossen hat mich der Rolf« – Interview mit Leo Kirch, in: *Süddeutsche Zeitung*, 14.05.2005

4 zit. n. Wiegemann, D.: »Für ihn geht es um Gerechtigkeit«, *Stern online*, 03.04.2006, http://www.stern.de/wirtschaft/unternehmen/unternehmen/558805.html?nv=cb

5 o.V.: »Breuer muß Kirch-Schaden möglicherweise selbst zahlen«, in: *Frankfurter Allgemeine Zeitung*, 07.04.2006; die *Financial Times Deutschland* schätzt die Schadenersatzforderung, die Kirch geltend machen könnte, auf eine Summe zwischen 0,5 und 1,5 Milliarden Euro; vgl. Maier, A.: »Leo Kirch erringt Teilsieg gegen Rolf Breuer«, in: *Financial Times Deutschland*, 25.01.2006

6 zit. n. o.V.: »Daimler-Chrysler gewinnt Prozess gegen Kekorian«, *Handelsblatt online*, 08.04.2005, http://www.handelsblatt.com/news/Default.aspx?_p=200038 &_t=ft&_b=882466

7 vgl. Büschemann, K.-H.: »Cromme-Kommission stärkt Aktionäre«, in: *Süddeutsche Zeitung*, 12.06.2006

8 zit. n. Fischer, G.: »Was wollen diese Affen hier?«, in: *brand eins*, Nr. 06/2005, S. 100-103, hier S. 102

9 Kirchhoff/Piwinger 2005, S. 10

10 zit. n. Kretschmer, W.: »Ansehen vor Aufsehen«, *changeX*, http://changex.de/ d_a01601.html 23.09.2004

11 Bergmann, J.: »Die Stimmen des Herrn«, in: *brand eins*, Nr. 06/2005, S. 66-70, hier S. 67

12 Büschemann, K.-H.: »Siemens, atemlos«, in: *Süddeutsche Zeitung*, 20.06.2006

13 Repräsentanz Expert. (Hg.) 2004, S.10

14 Wachtel 2003, S.123

15 Repräsentanz Expert (Hg.) 2004, S.111; genaue Hinweise zur Form eines solchen Stichwortmanuskripts finden sich auf S.118ff.

16 Kretschmer, W.: »Warum macht Macht unersättlich?«, *changeX*, 29.04.2005, http://changex.de/d_a01899.html

Kapitel 9

Mythen managen

> Vorübergehend bekannt sind viele Manager, dauerhaft berühmt nur wenige. Zum Mythos wird, wer die Identität seines Unternehmens prägt und sich als glaubwürdige Identifikationsfigur etabliert. So kann ein CEO sein Lebenswerk sichern und seine Erfolgsgeschichte in den Dienst des Unternehmens stellen.

Jeans, dunkler Rolli, Mehrtagebart, runde Nickelbrille: So kennt man den Apple-CEO Steve Jobs, den legendären Unternehmensgründer, der zum Mythos wurde. Jobs ist einer der CEOs, die schon zu Lebzeiten zur Legende geworden sind. Ihre Namen stehen für grandiose Erfolgsgeschichten und haben sich tief in das kollektive Gedächtnis der Wirtschafts-Community eingegraben. GE-Legende Jack Welch gehört dazu, Ex-Chrysler-»Retter« Lee Iacocca, Louis Gerstner, der legendäre CEO von IBM, oder Microsoft-Chef Bill Gates. Oder eben Apple-Chef Steve Jobs, der seine Karriere als renitenter Starrkopf begann und heute mit beachtlichem Erfolg am eigenen Mythos arbeitet.

Die Geschichte von Steve Jobs ist ungleich wilder, unangepasster als die des Rechtsanwaltssohns und Privatschülers Bill Gates. Sie verbindet den Mythos des Outlaws mit dem des Computerrevolutionärs, denn Steve Jobs' Karriere begann bei Drogenexperimenten in den Hippie-Hochburgen Kaliforniens, bei New-Age- und Zen-Begeisterung und mit einem ausgedehnten Indientrip im Bettelgewand. Langhaarig, zottelbärtig und in zerschlissenen Jeans nahm er seine ersten Geschäftstermine wahr. Mehr als einmal hatte Jobs allein deswegen Erfolg, weil er sich weigerte, das Büro seines Gesprächspartners zu verlassen, bevor der nicht seinem Anliegen zugestimmt hatte. Zusammen mit seinem kaum weniger verschrobenen Kumpel Steve Wozniak gründete Jobs das Unternehmen Apple, das unter anderem deshalb so heißt, weil man im Telefonbuch vor Atari stehen wollte. Wozniak war der besessene Bastler, Jobs aber der eigentliche Kopf des Unternehmens, nicht zuletzt seiner Begabung wegen, situativ, aus dem Augenblick heraus weit reichende

Entscheidungen zu treffen. Charismatisch und willensstark, hyperaktiv und egomanisch ging Jobs seinen Weg. Ein Sturschädel, der die boomende Firma Apple verließ, um sein neues Unternehmen NeXT zu gründen, womit er grandios scheiterte. Danach rief er eine weitere Firma namens Pixar ins Leben und definierte das Filmgeschäft neu – nämlich digital. Wieder zurück bei Apple, tat er dann selbiges mit dem Musikbusiness: Mit sicherem Gespür dafür, was der Kunde will, entstand unter Jobs ein Produkt, das Kult wurde: der iPod. Dieser ist eigentlich das materielle Endstück einer neuartigen Vertriebskette, die bei der Musikverwaltungssoftware iTunes und einem zugehörigen Online-Musik-Store beginnt.

Nach seiner Rückkehr zu Apple firmierte Jobs zunächst als Interims-CEO. Wie er seine faktische Rückkehr an die Spitze des Unternehmens inszenierte, zeigt, wie der Mythos eines CEO mit dem Unternehmen eine positive und imagebildende Verbindung eingehen kann. Jobs nutzte die MacWorld-Expo im Jahr 2000 für die Ankündigung, dass er das Wort »Interim« aus seinem Titel streichen lassen werde. Unter dem Eindruck des tosenden Beifalls, der auf der Messe auf die Ankündigung hin einsetzte, vollzog der als Egomane verschriene Jobs eine weitere Wendung: hin zum Teamplayer. Er arbeite mit den besten Leuten auf diesem Planeten zusammen, sagte der CEO. »Ich habe den besten Job der Welt. Aber dieser Sport ist ein Mannschaftssport.« Und: »Im Namen der ganzen Belegschaft von Apple nehme ich euren Dank an.«[1] Das war ein neuer Steve Jobs – und eine gelungene Inszenierung der Rückkehr eines geläuterten Mannes an die Spitze seines Unternehmens. Nach wie vor ist Jobs voller Tatendrang und unternehmerisch längst nicht am Ende. Doch als Kopf von Apple ist er längst ein Mythos.

Topmanager als Mythen

Mythen sind bildhafte Weltdeutungen, meist versehen mit Symbolen und fabelhaften Erzählungen; sie sind fest verankert im kollektiven Gedächtnis. Vor allem im angelsächsischen Raum bezeichnet man im übertragenen Sinne auch faszinierende Personen, Dinge oder Ereignisse als Mythen. Zu Recht, denn auch herausragende Personen – Schauspieler, Politiker, Erfinder, Abenteurer, Unternehmer, Manager – prägen sich tief in das kollektive Gedächtnis ein. Sie erwecken noch Jahrzehnte nach ihrem Tod Bewunderung, gerade wenn es sich um Persönlichkeiten mit Ecken und Kanten handelte. Manager, die zu Mythen werden, sind rar. Und ob jemand zum Mythos wird, lässt sich schwer steuern. Denn »die Geschichte« ist es, die »ihr« Urteil fällt – über die ganze Person und ihr gesamtes Leben. Und letztlich sind es die Unwägbarkeiten der Geschichte, die über ein Lebenswerk entscheiden. Doch auch wenn Mythenbildung nicht steuerbar ist, so macht es dennoch Sinn, an der Wahrnehmung seiner eigenen Karriere zu arbeiten. Oft sind es wenige, wohlgesetzte Worte, die – im entscheidenden Augenblick gesprochen – maßgeblich zur Ausbildung eines Mythos beitragen. Winston Churchills »blood, sweat and tears« ist solch ein herausragendes Beispiel. An der Wahrnehmung seines eigenen Lebenswerks zu arbeiten, hat nur wenig mit eitler Selbstbeweihräucherung und sehr viel mit dem Schaffen von Sinn und Nutzen zu tun. Denn herausragende Unternehmerpersönlichkeiten geben einer Firma Profil und Identität. Sie prägen nicht nur über Jahrzehnte hinaus das Bild des Unternehmens in der Öffentlichkeit, sondern entfalten auch nach innen eine segensreiche Wirkung: Sie sind Ikonen, Chiffren dafür, wie Mitarbeiter und Führungskräfte gesehen und geführt werden wollen. Sie verkörpern die zentralen Werte und stehen mit ihrem Tun, das in Erzählungen fortlebt, für beispielhaftes Verhalten. Damit verleihen sie dem Unternehmen durch alle Turbulenzen hindurch Stabilität. Und sie verkörpern die Kultur des Unternehmens. Wer funktionale Mythen schafft, schafft somit immateriellen Wert.

Jeder Kulturkreis hat dabei seine eigenen Mythen-Traditionen. US-amerikanische Manager mit Kultstatus haben häufig den legendären Aufstieg aus dem Nichts – vom Tellerwäscher zum Millionär – hinter sich gebracht. Seit der New Economy haben Garagen die Spülküche als Mythen-Brutstätte ersetzt. Microsoft-Gründer Bill Gates oder eben Apple-Gründer Steve Jobs verkörpern den Mythos des Garagenbastlers, der den Aufstieg zum Chef eines Weltkonzerns geschafft hat. Die Briten dagegen schätzen an Managern einen Hauch von weiter Welt und Abenteuerlust, wie sie etwa der CEO der Airline Virgin, Richard Branson, verkörpert. In den romanischen Ländern zeichnen sich mythisch verklärte Unternehmergestalten nicht selten durch Stilbewusstsein und ein gewisses Faible für das andere Geschlecht aus: Dass der verstorbene Fiat-Boss Gianni Agnelli zur Legende wurde, hängt auch mit seinem Ruf als charmanter Frauenliebhaber zusammen. In Deutschland hingegen hätte ihm sein Hang zu amourösen Verwicklungen womöglich frühzeitig das Genick gebrochen. Eingang in die »Hall of Fame« der Topmanager finden hierzulande eher Unternehmerpersönlichkeiten, die Solidität verkörpern und ein Übermaß an Emotionalität tunlichst vermeiden. Prototyp des deutschen CEO-Mythos ist der geniale Ingenieur, wie ihn Robert Bosch oder Werner von Siemens verkörpern: Ein Unternehmenslenker, der wie besessen arbeitet, mit kühler Berechnung seinen Weg verfolgt und immer davon getrieben ist, die technisch beste Lösung zu finden. Anders als in den USA, wo Großindustrielle wie Rockefeller oder Guggenheim zu nationalen Mythen geworden sind, sind es in Deutschland vor allem die Forscher und Ingenieure, die Vorbildwirkung erlangten. Sie stehen für das »universale Ingenieursprinzip«, dem Deutschland nicht nur seine erfolgreiche technisch-industrielle Aufholjagd im 19. Jahrhundert, sondern auch zu einem guten Teil seinen Wiederaufstieg nach dem Zweiten Weltkrieg verdankt.

Doch ist der Unternehmeringenieur nicht der einzige Mythos in Deutschland, wie der Blick auf bereits verstorbene Managerlegenden zeigt. Zum Mythos ist beispielsweise auch Axel Springer geworden, der für viele noch immer den Vorrang des Journalismus über Umsatz- und Auflagenzahlen verkörpert. Oder Alfred Herrhausen, der ermordete ehemalige Vorstandssprecher der Deutschen Bank, der bis heute als »der gute Banker« schlechthin gilt. Im Vergleich zu seinen Nachfolgern erscheint er vielen als eine Lichtgestalt. Seine Haltung – zum Beispiel sein Plädoyer für einen Schuldenerlass zugunsten der ärmsten Länder – steht für einen sozial geläuterten Kapitalismus. Mit seinem gewaltsamen Tod wurde er zum Märtyrer, zur Projektionsfläche für den kollektiven Wunsch nach einem sozial verantwortlichen Unternehmertum. Ebenso glorifiziert wird Herrmann-Josef Abs, der als Gründungsmythos der Deutschen Bank und des deutschen Wirtschaftswunders in Erinnerung geblieben ist. Mythen sind zugleich Anknüpfungspunkte für Unternehmenstraditionen. Sie bieten die Möglichkeit, den legendären Ruf eines Vorgängers für die eigene unternehmerische Agenda zu nutzen.

Doch kann ein Fehler ausreichen, um ein ganzes Lebenswerk in den Augen der Öffentlichkeit in Schutt und Asche zu legen. Peter Hartz, Ex-Personalvorstand bei VW und Vater der nach ihm benannten Arbeitsmarktreform, ist ein fatales Beispiel dafür. Seine Verwicklung in die Bordellaffäre hat seinen Ruf komplett zerstört – und VW in eine veritable Krise abstürzen lassen. Doch Hartz ist kein Einzelfall. Die Liste der zerstörten Mythen ist deutlich länger als die derjenigen Manager, die es geschafft haben, sich auf Dauer einen Platz im kollektiven Gedächtnis zu sichern. Ulrich Schumacher von Infineon, der einstige Rennfahrer und Börsenliebling, gehört ebenso zu den Gescheiterten wie so viele frühere »Manager des Jahres«, die heute eher als Wertvernichter gelten: Kajo Neukirchen, einst die deutsche Saniererlegende – heute gilt er als eiskalter Rambo, der sich das erzwungene Karriereende versilbern ließ. Ron Sommer, kurzzeitig Reichmacher der Kleinaktionäre und Kanzlers Liebling, der den Beamtenladen Telekom in die Weltliga katapultierte – abgestürzt. Klaus Esser, bei Mannesmann von Vodafone-Chef Chris Gent geschlagen – heute ein Mann mit dem Ruf eines Raffkes.

Auch Zerwürfnisse und Konflikte können am Ruhm kratzen und eine Legendenbildung durchkreuzen. Jürgen Dormann, von der Londoner Finanzwelt als »Magic Dorman« bezeichnet und vom *manager magazin* zum Manager des Jahres 1995 gekürt, wurde den Ruf nicht mehr los, der »Totengräber des traditionsreichen Chemiekonzerns Hoechst« zu sein. Deutschlands »radikalster Manager«, wie ihn die Presse nannte, hatte sich mit seinem radikalen Wandel Mitarbeiter und Traditionalisten zum Feind gemacht.[2]

Das illustriert auch die Geschichte des früheren Daimler-Vorstandsvorsitzenden Edzard Reuter. Er hatte den Konzern im Zeichen der Diversifizierung zu neuen Ufern geführt und ihn moralisch von dem schweren Vorwurf entlastet, seinen Reichtum auf der Zwangsarbeit in der NS-Diktatur gegründet und damit den Tod von Zwangsarbeitern und KZ-Häftlingen zumindest in Kauf genommen zu haben. Doch riss sein Nachfolger Jürgen Schrempp das Ruder herum, steuerte den Tanker in Richtung Weltkonzern und konterkarierte das unternehmerische Erbe seines Vorgängers. Dass Reuter dann zur Unperson erklärt und aus den Annalen des Konzerns getilgt wurde, hat wiederum mit seiner Reaktion zu tun. Denn der Seniorchef schoss in seiner Autobiografie scharf zurück und gab den Beleidigten, was ihm den Ruf eintrug, empfindlich und nachtragend zu sein. Keine schöne Lebensbilanz für einen Topmanager.

Was also unterscheidet Manager, die es zum Mythos bringen, von denjenigen, die irgendwann vom Sockel stürzen oder als Randnotiz in den Unternehmenschroniken auftauchen? Welche Fehler sind zu vermeiden? Patentrezepte zur Mythenbildung gibt es nicht; entscheidend ist letztlich das Gesamtbild, das ein Manager hinterlässt – und dabei spielen große Erfolge ebenso eine Rolle wie kleine Fehlgriffe. Denn aus ihnen kann schnell ein großer Makel erwachsen. Letztlich geht es nicht nur um Erfolge und gewonnene Schlachten, sondern auch um Integrität, Intuition und Ausstrahlungskraft – um das Gesamtbild einer Person eben. Hier haben reine Shareholder-Apostel schlechte Karten – auch wenn Jack Welch ein prominentes Gegenbeispiel darstellt.

Mythen sind Führungsinstrumente

Gibt es also Faktoren, die den Weg in die Geschichtsbücher ebnen? Der unternehmerische Erfolg allein kann es nicht sein. Selbst schmähliches Scheitern des eigenen Lebenswerks wird bisweilen verziehen, wie die Automobilbauer-Legende Carl Borgward und die beiden Kapitäne des Wirtschaftswunders Max Grundig und Josef Neckermann belegen. Sie sind heute posthume Mythen, deren Leistung die Pleite überdauerte. Auch peinliche Affären kann der Mythos überleben. Dass Jack Welch, vormaliger GE-Chef und heute Bestseller-Autor, dubiose Geldtransfers an Freundinnen und Ehefrauen veranlasste, konnte seinem Ruf als einer der besten Manager aller Zeiten offenbar nichts anhaben. Auch dass er beinahe seinen Abgang verpatzt hätte, wie wir im nächsten Kapitel sehen werden, schadete der Legendenbildung nur bedingt. Welch gilt als Inbegriff des wertorientierten Managements, als Vorbild für Generationen von Führungsfiguren.

Mythenbildung folgt nicht schablonenhaften Anleitungen. Legenden entstehen vielmehr durch nur teilweise rational erklärbare Mechanismen. Mythen setzen sich aus Bildern und Geschichten zusammen, die große Taten wiedergeben. Sie werden weitererzählt und dabei aus der Fantasie und dem Bedürfnis der Zuhörer und Erzähler heraus modifiziert, farbenreich ausgemalt, um schillernde Details ergänzt, immer weiter überhöht. Tatsächlich Geleistetes spielt dann nicht mehr die entscheidende Rolle. Mythen werden zum Selbstläufer, sie werden geglaubt.

Im besten Fall nimmt der Mythos die historische Würdigung einer Lebensleistung vorweg und weist über die Person des Managers hinaus. Dann steht er sinnbildlich für eine Ära und bestimmte Werte – und kann die identitätsstiftende Wirkung entfalten, von der eingangs die Rede war. Und das genau ist der Punkt, an dem Mythen funktional für Unternehmen werden. Dann nämlich, wenn sie nicht mehr nur eine Person ins Licht rücken, sondern identitätsstiftend für das Unternehmen als soziale Organisation wirken. Hier schlägt Selbstbeweihräucherung in Führungskunst um: Mythen sind Führungsinstrumente. In ihnen wirkt eine Manager- und Unternehmerkarriere über sich hinaus und gewinnt prägende Kraft für ein Unternehmen. In Form von Mythen stellen Führungskräfte das Gesamtbild ihres Wirkens in den Dienst des Unternehmens. Diese Unternehmens- und Unternehmergeschichten sind Legende, aber immer verbinden sie sich mit einer herausragenden Persönlichkeit, nicht mit wirtschaftlichen Erfolgen oder technologischen Durchbrüchen allein. Der Grund ist einfach: Menschen wollen Geschichten von Menschen hören. Erfolgsmeldungen bleiben Abstrakta, wenn sie nicht mit Geschichten von Menschen verknüpft sind.

So eine Geschichte, die ein Unternehmen prägte, ist die von Berthold Beitz, dem legendären Manager des Krupp-Konzerns in der Nachkriegszeit. Anders als viele andere gehörte Beitz nicht zu den Repräsentanten des alten Establishments. Zwar war Beitz zur Zeit der Nazidiktatur in der Kriegswirtschaft tätig, doch er nutzte diese Funktion, um möglichst vielen Zwangsarbeitern das Leben zu retten. »Er gehört deshalb zu den wenigen, die nach 1945 den Neuanfang der deutschen Wirtschaft auch verkörpern konnten«, schrieb die Presse zum 90. Geburtstag des Managers, der zu einer »Ikone des Wirtschaftswunders« wurde.[3] Der Staat Israel hat den Industriellen dafür vielfach geehrt – sein Name ist sogar als »Gerechter der Völker« in der Gedenkstätte Yad Vashem verzeichnet. Als Beitz als junger Manager Anfang der fünfziger Jahre bei Krupp anfing, brach er mit alten Traditionen und leitete eine weitsichtige Neupositionierung des Konzerns ein. Er brach verkrustete Strukturen auf, entmachtete die Direktoren, die es gewohnt waren, so ein Fernsehbericht, »wie kleine Monarchen zu regieren«[4], und verschaffte Krupp eine neues Image abseits des Rufs der deutschen Kanonenschmiede. Beitz sah sich als Testamentsvollstrecker des letzten Familienchefs, des 1967 verstorbenen Alfried Krupp von Bohlen und Halbach. So folgte er zunächst dessen Wunsch, Krupp möge ein »Stahlkonzern« bleiben, leitete aber entschlossen die Abkehr vom Rüstungsgeschäft ein und vollendete damit einen langen Lernprozess. Statt auf Rüstung setzte Krupp nun auf industrielle Maßarbeit und wandelte sich zum Spezialisten für industriellen Anlagenbau. Früher als andere setzte Beitz auch auf internationale Expansion – über den Eisernen Vorhang hinweg. Was bei Adenauer Zweifel an der »nationalen Zuverlässigkeit des Herrn Beitz«[5] weckte, muss aus heutiger Sicht als ökonomische Vorwegnahme der späteren Ostpolitik Willy Brandts gewertet werden. Beitz war ein Mythos des Wirtschaftswunders. Sein Beispiel zeigt, wie eine Persönlichkeit ein Unternehmen prägen und ihm Reputation verschaffen kann.

Zu Mythen sind aber nicht nur die großen Erfinderunternehmer der industriellen oder der informationstechnologischen Revolution geworden; auch Handelsunternehmen haben prägende Unternehmerpersönlichkeiten hervorgebracht: Karstadt, Wertheim, Tietz (Hertie) oder Horten sind solche Händlermythen. In neuerer Zeit wurden vor allem die Gebrüder Albrecht (Aldi) zu Mythen, obwohl sie sich der Öffentlichkeit fast so konsequent verweigern wie Lidl-Gründer Dieter Schwarz, der eine konsequente Anti-Mythologisierungsstrategie verfolgte und eben deshalb zum Mythos wurde: als der Konzernchef ohne Gesicht. Aber auch andere Beispiele können angeführt werden. Günther Fielmann zum Beispiel stilisiert sich mit Erfolg als Robin Hood der Brillenträger. Er redet gerne über seine Maxime »Nimm weniger, dann bekommst Du mehr«. Seine Kunden glauben es ihm. Obwohl Fielmann nur fünf Prozent aller Optikergeschäfte in Deutschland gehören, liegt sein Marktanteil bei über 50 Prozent. In den Köpfen deutscher Konsumenten jedenfalls scheint sich ein Bild fest eingebrannt zu haben: Die Brillen von Fielmann sind preiswert, qualitativ in Ordnung und hinreichend schön.

Vergleichbar profiliert hat Michael Otto das ererbte Versandhausunternehmen über Jahre ausgebaut. Bekannt geworden ist er nicht nur für seine wirtschaftlichen Erfolge, sondern vor allem für sein Engagement für die Umwelt – und er hat den Versandhandel mit einem ganz neuen Wert aufgeladen: Seit das Unternehmen mit dem weitsichtig agierenden Familienspross an der Spitze mit dem Deutschen Umweltpreis und dem Sustainability Leadership Award ausgezeichnet wurde, steht der Name Otto für Nachhaltigkeit und damit auch für eine langfristige Preiswürdigkeit seiner Produkte.

Mythen zu konstruieren ist also ein Ding der Unmöglichkeit. Dennoch gibt es einige Erfolgsfaktoren, die den langen Weg in den Managerolymp erleichtern können. Aufnahme in die heiligen Hallen finden zum Beispiel fast ausschließlich CEOs, deren Schicksal eng mit dem des Unternehmens verbunden ist, und zwar über lange Jahre hinweg. Solche Mythenbildung erfolgt in Gründerunternehmen leichter als in managergeführten; Unternehmenslenkern auf Zeit fällt es natürlich schwerer, ihre prägende Kraft zu entfalten – zumal heute, da die Volatilität der Finanzmärkte auf Personalia und Strategie der Unternehmen durchschlägt.

Mythenmanagement ist das Gegenteil von PR. Auf offensichtliche PR-Etiketten reagieren Öffentlichkeit wie Mitarbeiter gleichermaßen allergisch. Wer an der Wahrnehmung seiner selbst arbeitet, sollte bei allem Selbstbewusstsein seine eigene Person ein Stück weit zurücknehmen. Gefragt sind Authentizität, Glaubwürdigkeit – und Geduld. Mythen brauchen Zeit zum Entstehen, sie müssen sich ausformen und verlangen nach langfristig glaubwürdigen Inhalten. Ein Beispiel ist Klaus Zumwinkel. Lange stand er mit seiner als altbacken geltenden Post im Schatten des Telekom-Dynamos Ron Sommer. Als er über 100 000 Stellen abbaute, Mitarbeiter in Billigfirmen auslagerte und das flächendeckende Netz an Poststellen und Briefkästen kräftig ausdünnte, schienen das schlechte Voraussetzungen zu sein, um zur Managerlegende zu werden. Auch die Tatsache, dass das Unternehmen seinen Erfolg zum Teil einem Relikt aus Monopolzeiten, dem Briefmonopol, verdankt, förderte nicht eben die Wahrnehmung des Managers als eigenständigen Unternehmenschef. Doch hat Zumwinkel konsequent ein anderes Image aufgebaut. Er wird als Macher gesehen, der das Unternehmen zum größten globalen Logistikunternehmen aufgebaut hat. Man rühmt ihn als Musterbeispiel für Glaubwürdigkeit und Zuverlässigkeit, als beharrlichen, langfristig denkenden Strategen. Persönlich uneitel und bescheiden, gilt Zumwinkel vielen Beobachtern als neuer Erfolgstyp. Mittlerweile ist er auch Aufsichtsratschef der Deutschen Telekom, hat die vorübergehend selbstständige Postbank organisatorisch in sein Unternehmen re-integriert – und damit zumindest als Person wieder die Bereiche zueinander gebracht, die die Postreform Mitte der achtziger Jahre auseinandergeschnitten hatte. Während die Telekom sich im Laufe der Zumwinkel-Ära bereits den dritten Vorstandschef leistet, hat der Post-Vorstand also beharrlich am eigenen Mythos gestrickt.

Doch hätte man nach den Börsengängen der Telekom Gleiches über Ron Sommer schreiben können. In schnelllebigen Zeiten wird Mythenbildung zunehmend schwierig; Strategiewechsel und der Druck der Finanzmärkte erschweren in immer stärkerem Maße langfristige Karrieren an der Spitze eines Unternehmens. Ist mit der Zeit der Helden auch die Zeit der Mythen vorbei? Wohl kaum – dagegen spricht ganz einfach der Wunsch der Menschen nach Erzählungen, die Identifikation erlauben. Ändern wird sich der Typus der Helden, die im Mittelpunkt von Mythen stehen, meint der Organisationsberater und Buchautor Kurt Buchinger: Nicht mehr Agamemnon, Achill oder Hektor seien die Vorbilder, sondern der listige Odysseus, der seine Reisen vor allem mit Führungskunst, Teamgeist und Kooperationsfähigkeit meisterte: »Er ist weniger ein Kämpfer, sondern – modern gesprochen – ein systemisch denkender Problemlöser. [...] Er ist sozusagen ein Antiheld. Die Zeit der Helden ist vorbei, weil die Zeit der Einzelkämpfer vorbei ist.«[6]

Damit ein Mythos entstehen kann, muss die Erfolgsstory glaubwürdig mit der Person verknüpft werden. Und es muss eine Erfolgsstory sein, die von Dauer ist. Fielmann hat die Deutschen von den Kassengestellen befreit, Wiedeking Porsche gerettet, Zumwinkel die Post globalisiert, Piëch VW technisch an die Spitze geführt. Das sind Leistungen, die mehr sind als die übliche Quartalszahlen-Kommunikation oder die Marktführerschaft in einem selbst definierten Segment. Dennoch kann die Wahrnehmung von Topmanagern extrem wechselhaft sein. Mit ihr verhält es sich wie mit den Börsenkursen: Es ist ein ständiges Auf und Ab – ein Absturz ins Bodenlose ist dabei nie ausgeschlossen. Dafür sind Ron Sommer und die T-Aktie sowie der einstige Börsenstar Stephan Schambach und sein Unternehmen Intershop prominente Beispiele. Sie zeigen: Keiner kann sich selbst in den Olymp katapultieren. Wohl aber kann man die Wahrnehmung der eigenen Person begleiten. Dies sollte von Anfang an und mit langfristig wirksamen Instrumenten geschehen. So kann der CEO Interpretationshilfen für den Umgang mit seinem Lebenswerk geben und – vielleicht – das Fundament zur Mythenbildung legen. Ob ihm dann tatsächlich der Aufstieg zum Manager-Mythos gelingt, lässt sich wie gesagt nicht steuern – wohl aber sollten die Wahrnehmung der eigenen Person und die Interpretation des eigenen Wirkens so gestaltet sein, dass sie der Legendenbildung nicht im Wege stehen.

Weitblick demonstrieren und gesellschaftliches Engagement beweisen

Managern, die sich auf die Interpretation ihrer Bilanzkennzahlen beschränken, fehlen zum Mythos sowohl Weitblick wie auch Charisma. Überzeugende Unternehmerpersönlichkeiten blicken über den Tellerrand des Firmen- und Branchengeschehens hinaus. Sie sehen ihr Unternehmen in einem größeren Zusammenhang. Unternehmensethik und unternehmerische Verantwortung, Engagement für Bildung und Jugend, für Kunst und Kultur sind Themenfelder, auf denen Topmanager und Unternehmer jenseits ihres engeren Wirkungskreises an Profil und Aufmerksamkeit gewinnen können – sofern, das sei hinzugefügt, dieses Engagement in einem wahrnehmbaren Zusammenhang mit der Unternehmensagenda steht. So knüpft zum Beispiel das kulturelle Engagement der RAG Aktiengesellschaft bewusst an Ruhrgebietstraditionen an und sucht die schwierige Ausbildung eines neuen kulturellen Profils der früheren Montanregion fortzuführen und zu konsolidieren. Die erfolgreiche Bewerbung Essens als Europäische Kulturhauptstadt 2010, die von der RAG maßgeblich unterstützt wurde, ist somit auch ein gelungenes Beispiel für erfolgreiches Kultur- und Standort-Engagement.

Das eigene Leben dokumentieren und durch Schriftliches Verbindlichkeit schaffen

Im »Land der Dichter und Denker«, als das Deutschland sich immer noch sieht, ist das Buch nach wie vor das am höchsten geschätzte Medium. Vorstände, die zur Feder greifen, steigern ihre Mythosqualitäten – oder weniger euphorisch formuliert: nutzen ein mächtiges Mittel, die eigene Wahrnehmung in der Öffentlichkeit zu beeinflussen. Bücher sind geeignet, die eigene Karriere zum Mythos zu stilisieren. Beispielhaft hierfür ist wiederum Jack Welch, der sich am Ende seiner aktiven Managerlaufbahn zum veritablen Bestsellerautor entwickelt hat und damit den eigenen Mythos noch überhöht. Ähnliches gilt für Hans-Olaf Henkel, der mittlerweile zum höchst produktiven Buchautor geworden ist. Die Königsdisziplin ist das Verfassen der Autobiografie, allein schon deshalb, um nachträglichen Denkmalzerstörern vorzubauen. Hüten sollte man sich dabei allerdings vor allzu ausgeprägter Nabelschau und Seitenhieben gegen frühere Freunde und Weggefährten: Wer hier nicht Souveränität demonstriert, läuft Gefahr, sich selbst zu desavouieren. Zu warnen ist auch davor, eigene Vorlieben zum Maßstab und ohne Rücksicht auf Zeitströmungen und Themenkonjunkturen zum Buchthema zu machen. So tat sich der damalige Automobilchef Wolfgang Reitzle mit seiner »Kampfschrift für das luxuriöse Leben«, so das Online-Magazin *changeX*, keinen Gefallen. Seine These »Luxus schafft Wohlstand« wurde vor allem als persönliches Bekenntnis zur Verschwendungssucht wahrgenommen – und das passte nicht mehr in eine Zeit steigender Arbeitslosigkeit und wachsender Terrorangst.[7] Als Chef der Linde AG erwarb sich Reitzle dann schließlich eine beachtliche Reputation – durch öffentliche Zurückhaltung und Anerkennung als Konzernlenker.

Sich als Lehrender etablieren

Wer eine langjährige Karriere an der Spitze von Unternehmen erfolgreich gemeistert hat, tut gut daran, andere an seiner Erfahrung teilhaben zu lassen. Eine Lehrtätigkeit eignet sich ideal dafür – entweder im eigenen Unternehmen, noch besser allerdings an Akademien und Universitäten. Sichtweisen und Leistungen können schwerer angegriffen werden, wenn der Träger sie selbst vermittelt und mit seiner Persönlichkeit verbindet. Josef Ackermann etwa, der derzeit beliebteste Prügelknabe deutscher Journalisten und Politiker, wird eines auch von seinen schärfsten Kritikern nicht abgesprochen: seine Begabung zum Lehren, seine Fähigkeit, im engen Dialog mit Studenten und Doktoranden die Tiefen der Finanzwissenschaft auszuloten. Ackermann, der an der Hochschule St. Gallen studierte und promovierte, lehrte von 1977 bis 1989 Geldpolitik und Geldtheorie und hält heute nach wie vor Gastvorlesungen. Zudem übt Ackermann eine Lehrtätigkeit an der Frankfurter Hochschule aus – bezeichnend für das öffentliche Klima ist, dass seine Berufung zum Honorarprofessor in Deutschland am öffentlichen Widerstand scheiterte. Dennoch: Dass ausgerechnet ein als Inbegriff der Kälte geltender Mann so viel Freude am Lehren hat, passt schlecht zum liebgewordenen Vorurteil und wird deshalb umso nachdenklicher zur Kenntnis genommen. Wer lehrt, kann Jünger gewinnen, begabte junge Menschen, die die eigenen Ansichten weiter verbreiten. Nicht zuletzt können sich Unternehmen und ihre Top-Repräsentanten auch als Förderer von Bildung und Lehre profilieren, indem sie private Universitäten fördern oder einen Stiftungslehrstuhl einrichten.

Bleibende Werte hinterlassen

In der französischen Politik ist es lang gepflegte Präsidententradition, die Nation nicht allein mit Gesetzen und Erlassen, sondern auch mit architektonischen Denkmälern zu beglücken. Georges Pompidou ließ dementsprechend das futuristische »Centre national d'art et de culture Georges Pompidou« bauen, François Mitterand verewigte sich mit der Glaspyramide des Louvre.

Corporate Architecture steht für das Unternehmen und damit auch für den CEO, der sie verantwortet. Große Bauwerke können so zum Symbol für eine Ära werden, für die der CEO als Person steht. Wie Architektur Zeichen setzen kann, das zeigt der Post Tower der Deutschen Post AG, der groß und leicht die bisherigen Bundesbauten am Rhein überragt und das Tal prägt. Er ist zum »Symbol des Wandels« geworden und steht für den Weg vom Bundesunternehmen zum weltweiten Logistikdienstleister[8] – und damit für die Ära Klaus Zumwinkel. Aber es geht auch kleiner: So hat Reinhold Würth aus Künzelsau eine Kunsthalle in Schwäbisch Hall gebaut – und damit erreicht, dass sein unscheinbares Geschäft mit Schrauben und Dübeln in der Presse als »Kunstkonzern« gewürdigt wurde.[9] Ein anderes prominentes Beispiel ist das Museum Ludwig in Köln, einer Stadt, in der Mäzenatentum und Förderung von Kunst und Kultur traditionell einen hohen Stellenwert genießen. Das herausragendste Beispiel indessen steht in New York: Das Guggenheim Museum ist eines der berühmtesten Museen der Welt. Der Name Guggenheim steht heute für Kunst – aber es war der »Kupferkönig« Salomon R. Guggenheim, der mit seiner Sammlung moderner Kunst und dem später dafür gebauten Museum die Wahrnehmung als »Kunstkonzern« einleitete. Ein Mythos auch er.

Doch ein Mythos – vor allem zu Lebzeiten – kann auch zur Belastung werden. Der frühere Konzernchef und Vorgänger, der als Übervater alle und alles überwacht und damit Handlungsfreiheiten einschränkt, ist kein seltenes Phänomen. Zur vollendeten Mythenbildung gehört der gelungene Abgang. Davon handelt das nächste Kapitel.

Anmerkungen

1 zit. n. Young/Simon 2006, S. 9f.

2 Enzweiler, T.: »Jürgen Dormann, ›Magic Dorman‹, öffnete die Festung Hoechst«, in: *Die Welt*, 16. 03. 1999

3 Abelshauser, W.: »Der Liebling der Götter: Aufstieg, Glanz und Macht von Berthold Beitz«, in: *Frankfurter Allgemeine Sonntagszeitung*, 21. 09. 2003

4 o. V.: »Der Krupp-Komplex«, *3sat online*, 19. 01. 2005, http://www.3sat.de/ard/sendung/74974/index.html

5 zit. n. Abelshauser 2003, a. a. O.

6 zit. n. Kretschmer, W.: »Arbeit und Liebe«, *changeX*, 14.06.2006, http://changex.de/d_a02345.html

7 Felixberger, P.: »Lob des Luxus«, *changeX*, 03. 09. 2001, http://changex.de/d_a00352.html

8 Messedat 2005, S. 101

9 Fritz-Kador, B.: »Neue Kunstattraktion für Schwäbisch Hall«, in: *Stuttgarter Zeitung*, 24. 05. 2004

Kapitel 10

Die letzten 100 Tage

Der CEO muss auch bei seinem Abgang Regisseur seiner
eigenen Sache sein. Eine Demission in Würde muss geplant
und wirkungsvoll in Szene gesetzt werden – ohne den Handlungsspielraum des Nachfolgers zu beschneiden. Das setzt
Zurückhaltung voraus und wirkliches Loslassen-Können.

Alles war akribisch geplant: Nach 20 Jahren an der Spitze von General
Electric sollte Jack Welch im Oktober 2000 den Stab an seinen Nachfolger
übergeben. Die Inszenierung stand, doch Welch, der den Konzern umgekrempelt und GE mit einer aggressiven Expansionsstrategie zum teuersten
Unternehmen auf dem Globus gemacht hatte, schob seinen Rücktritt noch
einmal auf – die 45 Milliarden Dollar teure Übernahme von Honeywell
sollte seine Karriere krönen. Doch daraus wurde nichts: Der EU-Wettbe-
werbskommissar Mario Monti machte Welch einen Strich durch die Rechnung und untersagte den Merger aus kartellrechtlichen Erwägungen. »Hybris ist die größte Gefahr für den Giganten – es dürfte wesentlich am
übersteigerten Selbstbewusstsein gelegen haben, dass aus dem geplanten
Meisterstück von Jack Welch nichts wurde«, kommentierte *brand eins*.[1]
Gescheitert sei die Übernahme an Welchs autokratischem Stil und seinem
aggressiven Vorgehen gegenüber den EU-Beamten, kritisierte auch der Ex-
Chef von Honeywell. »Neutron Jack«, wie Welch genannt wurde, seit er in
den ersten Jahren als CEO 100 000 Mitarbeiter entließ, hatte den glanzvollen Abschluss seiner Laufbahn pulverisiert. Ein unglückliches Ende einer
außergewöhnlichen Karriere.

Blöd gelaufen, könnte man sagen – denn als Welch dann am 7. September 2001 den Konzern verließ, war GE mit einem Umsatz von 130 Milliarden US-Dollar, 313 000 Mitarbeitern und einem Gewinn von 12,7 Milliarden eines der größten und profitabelsten Unternehmen der Welt. Doch an
der glanzvollen Karriere des zur Kultfigur stilisierten Vorzeigemanagers
klebte ein kleiner Makel – eine ironische Fußnote nur, aber doch ein Bei-

spiel für eine Folgewirkung übersteigerter Selbstwahrnehmung: das Nicht-Loslassen-Können. Dabei hatte man bei GE alles richtig gemacht: Das Haus war bestellt, der Nachfolger bestimmt, der Übergang akribisch geplant – nur die Hybris machte einen Strich durch die Rechnung.

Indirekt zeigt dieses Beispiel, wie es geht: Genauso wie sein Antritt muss auch der Abtritt eines CEO systematisch vorbereitet und minutiös inszeniert werden. Denn der ist nicht selten der Schlussakkord seiner beruflichen Laufbahn – oder zumindest eine deutliche Zäsur – und für seinen Nachfolger die entscheidende Stufe der Karriere. Insofern nützt ein nahtloser Übergang beiden – und nicht zuletzt dem Unternehmen, das Souveränität im Führungswechsel unter Beweis stellen kann.

Wie wichtig ein gelungener Abgang ist, das wissen Dichter und Dramaturgen von jeher. Seit den Anfängen der Theaterkunst verwenden sie viel Mühe darauf, den Abgang einer Figur von der Bühne mit ihrer Rolle in Einklang zu bringen und wirkungsvoll in Szene zu setzen. Der Abgang setzt die bleibenden Akzente und prägt das Bild von der Rolle: Ob jemand als gefeierter Retter, tragischer Held, schamloser Verräter, gnadenloser Rächer oder reuiger Sünder in Erinnerung bleibt, darüber entscheidet seine letzte Szene auf der Bühne. Gleiches gilt für den CEO – mit dem einen Unterschied, dass er Autor, Regisseur und Akteur in einer Person ist. Indem er seinen Abgang überlegt gestaltet, kann er die Wahrnehmung seiner Person und der Ära, für die er im Unternehmen steht, selbstbestimmt prägen.

Es geht also darum, schon vor dem Rückzug aus der Chefetage die richtige Interpretation des eigenen unternehmerischen Wirkens sicherzustellen. Die zentrale Frage lautet: Was muss getan werden, damit der CEO – zum Wohle des Unternehmens – würde- und wirkungsvoll abtreten und gleichzeitig sein Nachfolger bestens vorbereitet und mit ausreichend Handlungsspielraum versehen ans Werk gehen kann? Nicht alle CEOs treffen dabei auf die gleichen Rahmenbedingungen: Wer in den Aufsichtsrat wechselt, wird es sehr viel leichter haben, die eigene »Story« zu bewahren, als ein Manager, der das Unternehmen ganz verlässt. In diesem Fall kann es deutlich aufwändiger sein, die Wahrnehmung der eigenen Lebensleistung vor unerwünschten Interpretationen zu schützen.

Die ersten hundert Tage sind in der Fachliteratur reichlich mit Ratschlägen zu Vorgehensweisen bedacht. Über den Ausstieg indes findet man so gut wie nichts. Möglicherweise liegt das daran, dass bei einem geordneten

Abgang Qualitäten gefragt sind, die für Alphatiere sonst eher als karriereschädlich angesehen werden. Schon der französische Staatsmann Charles Maurice de Talleyrand formulierte: »Kein Abschied auf der Welt fällt schwerer als der Abschied von der Macht.« Jede Topposition ist eine Machtposition.

Anschauungsunterricht in Sachen Umgang mit Machtverlust gab es auf der politischen Bühne reichlich. Nach der Bundestagswahl im September 2005, bei der die CDU/CSU nur knapp einen Prozentpunkt vor der SPD lag, konnte man an unterschiedlichen Szenarien den Umgang mit dem Verlust von Macht und Amt studieren: hier Bundeskanzler Gerhard Schröder, der die Niederlage lange Zeit nicht eingestehen wollte, dort Vizekanzler Joschka Fischer, der – wie von einer Last befreit – zwei Tage nach der Wahl verkündete, sein Platz sei zukünftig in der hintersten Reihe der Fraktion. Kein Jahr später verabschiedete er sich auch von dort leise – nicht einmal eine Abschiedsrede hielt Fischer, bevor er seine Gastprofessur in Princeton antrat.[2] Während Schröder mit seinem Verhalten bei Freund und Feind Kopfschütteln erntete, zollte selbst die *Bild-Zeitung* dem Ex-Außenminister Respekt: »Es war ein Abgang wie die ganze Karriere des Joseph Fischer: wuchtig, sehr persönlich und doch hochpolitisch. Für Freund und Feind völlig überraschend zog sich der Übervater der Grünen [...] aus der ersten Reihe der Politik zurück«[3], schrieb das Massenblatt, das den Außenminister wegen seiner Sponti-Vergangenheit wenig zuvor noch am liebsten aus Amt und Würden gejagt hätte. Es ist der Schlussakkord, der zählt. Ein Abgang wie aus einem Drehbuch: Der 68er-Rebell marschiert durch die Institutionen, macht aus Protestlern und Utopisten eine berechenbare Kraft, gelangt als Vizekanzler an die Spitze der Nomenklatura und profiliert sich in seiner Zeit als Außenminister als Staatsmann von Welt. Schließlich zieht er sich exakt zum richtigen Zeitpunkt zurück, erhobenen Hauptes und ohne peinliches Klammern am Amt.

Gerhard Schröder hingegen blieb – vorerst. Wenige Wochen später folgte dann sein Abgang, der dann nochmals den Grundzug seiner Kanzlerschaft nachzeichnete: der Einzelkämpfer, von tiefem Misstrauen in die Fähigkeiten der anderen geprägt, von sich selbst überzeugt – nur er selbst kann es richten. Fischer hinterließ das Bild des Staatsmannes, Schröder das des schlechten Verlierers.

In der Politik sind solche Vorgänge für jedermann einsehbar, die gesamte

Öffentlichkeit kann sie en détail studieren. Schröders peinlicher Auftritt in der Elefantenrunde geschah vor den Augen der Nation. In Unternehmen haben – obwohl dort grundsätzlich auch die Regeln und Mechanismen der Öffentlichkeit gelten – zunächst Bezugsgruppen mit deutlich mehr Einblick in das unternehmerische Geschehen das Wort. Aktionäre, Aufsichtsräte, Analysten, Mitarbeiter, Geschäftspartner und – was häufig vergessen wird – auch der eigene Nachfolger richten darüber, wie die Schlussphase des Vorstands zu bewerten ist. Ihre Interessen gilt es bei der Inszenierung des Rückzugs zu bedenken. Wer sicherstellen will, dass die Interpretation der eigenen Managementleistung nach Wunsch ausfällt, muss für einen geordneten, sauberen Ablauf seiner letzten Phase im Unternehmen sorgen.

Ähnlich wie bei einem Regierungswechsel geht es in der Übergangszeit bis zum Start des Nachfolgers darum, Kontinuität unter Beweis zu stellen und keinesfalls Fakten zu schaffen, die die Arbeit des zukünftigen Vorstands belasten könnten. Zurückhaltung nach innen und außen ist jetzt angesagt. Drehte sich zu Beginn einer Ägide alles darum, Auftrag und Ziele zu definieren, stellt sich zum Abschluss die Frage, inwieweit man die eigenen Vorstellungen in die Tat umsetzen konnte. Die Parallele zu den ersten hundert Tagen drängt sich förmlich auf: Zurückhaltung nach innen wie nach außen kennzeichnet die ersten und die letzten Tage. Jede unternehmensöffentliche Handlung hat große symbolische Bedeutung und muss auf ihre Wirkung bedacht sein. Nicht so eng darf man dagegen die Zahlenangabe nehmen. Markieren die ersten hundert Tage nach exakt dieser Zeit eine Zäsur, kann die Schlussperiode durchaus auch 150, 80 oder vier Tage umfassen.

Endphasen der Amtszeit eines CEO sind Zeiten der Bilanzierung, des Zuhörens, der Auseinandersetzung mit der Unternehmenskultur und den Vorgängern, der Reflexion und Zukunftsplanung. Nicht zuletzt ist es die Zeit für die Stärkung des Nachfolgers, egal, ob es sich um den eigenen Wunschkandidaten handelt oder nicht. Und es ist der richtige Zeitpunkt, die eigene Person in die Reihe der bisherigen Führungspersönlichkeiten im Unternehmen einzuordnen.

Wirken Amtsinhaber und Nachfolger bereits in ein- und demselben Unternehmen, gilt es nun, den Nachfolger vor seinem Amtsantritt in seine neue Funktion sowie in die internen und externen Netzwerke einzuführen. Noch ist es zu früh, ihm freie Hand zu geben und ihm die Bühne zu überlassen – idealerweise treten der Ex- und der neue CEO nun »im Doppelpack« auf.

Ihr gemeinsames Auftreten signalisiert Kontinuität und symbolisiert einen problemlosen Übergang der Unternehmensführung.

Idealerweise. Dass zwischen Wunsch und Wirklichkeit oftmals Welten klaffen und Übergänge alles andere als reibungslos vonstatten gehen, dafür ist der »Weltkonzern« DaimlerChrysler ein prominentes Beispiel. Ursprünglich lief alles auf eine klare Nachfolgeregelung hinaus. Als sich der Zukauf Chrysler als Sanierungsfall entpuppte, schickte Konzernchef Schrempp ein Managerduo in die USA, das er sich persönlich ausgeguckt hatte: Wolfgang Bernhard und Dieter Zetsche galten als Hoffnungsträger im Konzern, und die Sanierung des US-amerikanischen Autobauers war die erste größere Managementaufgabe für sie. Die Sanierung wurde zum Erfolg, und die beiden empfahlen sich für höhere Aufgaben. In absehbarer Zeit liefen die Verträge von Jürgen Schrempp und Mercedes-Chef Jürgen Hubbert aus. Vor allem der als Managementtalent gerühmte Wolfgang Bernhard galt als erste Wahl für die Nachfolge von Hubbert auf dem Chefsessel von Mercedes.

Doch es kam anders: Der ungestüme Bernhard machte sich zum Wortführer einer Palastrevolution gegen Konzernchef Schrempp. In einer Vorstandssitzung ergriff er das Wort und opponierte gegen ein weiteres Engagement beim Autobauer Mitsubishi, der sich als noch schlimmerer Sanierungsfall als Chrysler entpuppt hatte. Mehr noch: Er bezeichnete auch das Stammhaus Mercedes als Sanierungsfall – ein Tabubruch. Bernhard hatte ein paar Tage zu früh seine Einschätzung preisgegeben. Bei der folgenden Abstimmung erlitt Schrempp zwar die wohl schwerste Niederlage seit Jahren. Doch er rächte sich. Der Manager, den er selbst als großen Hoffnungsträger präsentiert hatte, fiel in Ungnade. Zwei Tage vor seinem geplanten Amtsantritt als Hubbert-Nachfolger bei Mercedes musste sich Bernhard einen neuen Job suchen.[4] Hubbert blieb zunächst im Amt, und Schrempp behielt die Oberhand. Kurz darauf wechselte Bernhard, in dem viele eines der größten Managertalente der internationalen Automobilindustrie sehen, als Markenvorstand zum Konkurrenzunternehmen VW – worauf die Aktie der Volkswagen AG zeitweise um fast sechs Prozent zulegte.

Ironischerweise gestaltete sich auch der Rückzug von Hubbert selbst wenig glorreich: Kurz vor seiner Pensionierung im April 2005 wurden Gerüchte gestreut, die ihm die Verantwortung für Qualitätsprobleme der Marke zuschrieben. Auf der Hauptversammlung erwähnte Konzernchef

Schrempp die Leistungen des Mercedes-Urgesteins mit keinem Wort, was Hubbert mit sichtlich verkniffener Miene registrierte.

Beim Weltkonzern gingen indes die Querelen weiter. Kurz nach dem Rausschmiss Bernhards musste sich Schrempp so harte Kritik auf der Hauptversammlung anhören wie nie zuvor. Der Chef der »Welt-AG« war längst zum »Wertvernichter der Nation« avanciert, wie *Die Welt* urteilte.[5] Seit dem Kurshöchststand vom April 1999 wurden knapp 60 Milliarden Euro an Börsenwert vernichtet. Schrempp war am Ende – und es war ein Abschied, wie er für einen langgedienten Konzernchef höchst ungewöhnlich war: kein Wort des Dankes, kein Aufsichtsratsposten, kein Beratervertrag. Dafür Verzicht auf Abfindung und Restgehalt.

Aus Bescheidenheit habe Schrempp, als er die offizielle Erklärung selbst formulierte, auf die üblichen Dankesworte verzichtet, hieß es. Wahrscheinlicher ist, dass der Konzernchef auf Druck von Finanzkreisen – zuvorderst der Deutschen Bank – gehen musste. Seit langem beobachtete die Deutsche Bank die Konzernstrategie mit Missmut. »Es war nur eine Frage der Zeit, bis der wachsende Druck von Deutsche-Bank-Chef Ackermann auch im Aufsichtsrat von DaimlerChrysler ankommen musste«, notierte die *Süddeutsche Zeitung*.[6] »Eiskalt«, so die Zeitung, nutzten die Banker die Gunst der Stunde nach Schrempps Demission, warfen 1,4 Millionen Konzernaktien auf den Markt und kassierten 300 Millionen Euro Gewinn, als der Kurs nach deren Bekanntwerden nach oben schnellte. Der Übergang allerdings verlief in geordneten Bahnen. Der neue Mann hieß Dieter Zetsche, ebenfalls ein Opponent gegen den Kurs des alten Konzernchefs – jedoch hatte sich Zetsche nicht so weit nach vorn gewagt wie sein Kollege Bernhard. Schrempp hielt sich nun zurück, kam seinem Nachfolger nicht in die Quere. Er mimte nicht den Beleidigten, sondern ermöglichte einen geordneten Übergang. Immerhin.

Dass die Sorge um das Bild in der Öffentlichkeit auch für die Manager ein Thema ist, die kurzfristig und nicht ganz freiwillig gehen, zeigt das Beispiel von Wolfgang Urban, dem früheren Vorstandsvorsitzenden von KarstadtQuelle, der im Mai 2004 einen jähen Absturz erlebte. Er wurde für den Umsatz- und Gewinnrückgang, den der Konzern in der Konsumflaute erlitten hatte, verantwortlich gemacht und musste seinen Hut nehmen. Die Presse sah ihn als Sanierer gescheitert. Urban, der an einer langfristigen Veränderung des Geschäftsmodells Warenhaus gearbeitet hatte, wurde, nicht zuletzt auch von seinem Nachfolger Christoph Achenbach, für die Misere verantwortlich gemacht. Über dem einst so mächtigen Wirtschaftsboss brauten sich dunkle Wolken zusammen. Kein halbes Jahr nach seiner Demission brach dann der Gewittersturm los. Nachdem schon der neue Konzernchef Achenbach die »fehlende Entschluss- und Umsetzungsfreudigkeit der früheren Führung«[7] gerügt hatte, obwohl er ihr selbst angehört hatte, drosch der damalige Bundeskanzler Gerhard Schröder in dieselbe Kerbe und sprach von Managementversagen in seiner krassesten Form[8] – im Übrigen die zweite öffentliche Hinrichtung eines Topmanagers durch den damaligen Bundeskanzler.

Die Planung des Rückzugs, ein geordneter Übergang gehören zur Agenda eines Topmanagers wie seine unternehmerischen Aufgabenstellungen auch. Nun geht es darum, dem Nachfolger freie Hand zu geben und ihm die Bühne zu überlassen. Die letzten hundert Tage sind weder die Zeit großer Entscheidungen, die die Handlungsspielräume des kommenden CEO einengen, noch die Zeit großer Auftritte, die ihm die Show stehlen. Es kommt darauf an, eine Ära auch symbolisch so überzeugend abzuschließen, dass der Nachfolger daran anknüpfen kann. Die Übergangszeit ist also eine Zeit der Zeichensetzung: Wird der Kurs fortgesetzt, geht eine Ära zu Ende, werden mit dem neuen CEO Weichen anders gestellt?

Ein glatt verlaufenes Nachfolgeszenario bot der Wechsel an der Spitze des E.ON-Konzerns. Ein Dreivierteljahr vor dem Wechsel war der Stinnes-Chef Wulf Bernotat als Nachfolger von Vorstandschef Ulrich Hartmann bekannt gegeben worden. Hartmann hatte den Expansionskurs des Unternehmens eingeleitet, viele Zukäufe getätigt und mit der Übernahme von Ruhrgas zum Schluss noch eine der entscheidenden Weichenstellungen für die Zukunft des Konzerns vorgenommen. Hartmann hinterließ seinem Nachfolger eine anspruchsvolle unternehmerische Agenda, aber insgesamt ein gut bestelltes Haus mit einer trotz der Zukäufe immer noch gut gefüllten Kasse.[9] Der Übergang gestaltete sich ruhig und gelassen. Die Symbolik war eindeutig: Bernotat steht für Kontinuität und Fortsetzung des von seinem Vorgänger eingeschlagenen Kurses.

Großes Kino kennzeichnete den Führungswechsel beim Volkswagenkonzern. In der Zeit, als Bernd Pischetsrieder bereits im VW-Konzern war und feststand, dass er Piëch nachfolgen würde, wurden spektakuläre Doppelauftritte inszeniert, die Einigkeit und Kontinuität demonstrierten. Die beiden Automanager präsentierten sich als »kongeniales Doppel«, befand das *ma-*

nager magazin und sprach von einem perfekt inszenierten Wechsel.[10] Das Signal hieß: Dieser Übergang ist strategisch, von langer Hand geplant und wird mit vereinten Kräften vollzogen. Dass der Führungswechsel dann doch nicht so reibungslos in eine neue Ära mündete, lag an einem Phänomen des Nicht-Loslassen-Könnens. Zwar hatte Piëch seinen Nachfolger ausgewählt und installiert, raushalten konnte sich der »große Meister«, wie ihn seine Manager nannten, jedoch nicht.[11] Als Aufsichtsratschef blieb er der Übervater des Konzerns. Sein langer Schatten fiel auf den neuen Mann. Und der hatte Schwierigkeiten, sich von seinem Vorgänger abzuheben und eigenes Profil zu gewinnen. Der latente Konflikt eskalierte im Frühjahr 2006, als Piëch die Verlängerung von Pischetsrieders Vertrag als »eine offene Frage« bezeichnete, was in der Branche als Demontage seines Nachfolgers gewertet wurde.[12] Und er fuhr ihm in die Parade. Als auf einer Klausurtagung des Konzerns ein Statement des Vorstandsvorsitzenden angekündigt war, gesellte sich der Aufsichtsratschef hinzu und beantwortete an Pischetsrieder gestellte Fragen. Das war ein Signal der Entmündigung und reihte sich ein in die gesamte Symbolik ungeklärter Machtverhältnisse. Am Ende gab der Volkswagenkonzern das Musterbeispiel ab für einen nicht vollzogenen Führungswechsel. Aus Piëchs letzten hundert Tagen wurden mehr als vier Jahre.

Das ist keineswegs ein Einzelfall. Bei vielen Unternehmen krankt der Wechsel an der Übervater-Problematik und dem Syndrom des Nicht-Loslassen-Könnens, das gerade die patriarchalisch geprägte Managergeneration der Nachkriegszeit und der letzten Jahrzehnte des vergangenen Jahrhunderts kennzeichnet. Diese Führungskultur lähmt nicht nur die Eigeninitiative der Mitarbeiter, sondern erschwert auch dem Nachfolger, aus dem Schatten des Patriarchen zu treten – und nicht selten bringt dies Unternehmen an den Rand des Scheiterns. »Die Trennung vom Firmenpatriarchen ist für jedes Unternehmen ein Kraftakt«, teaserte *brand eins* die Geschichte über den langen Abschied eines Unternehmensgründers, der in einem Zerwürfnis endete.[13] Gerade die deutsche Corporate Governance, die den Wechsel des ehemaligen Chefs in den Aufsichtsrat als Regelfall vorsieht – auch das ein Relikt der alten Deutschland AG –, begünstigt Friktionen, die von den Beteiligten oftmals gar nicht als solche erkannt werden, weil die Dominanz des Übervaters sich in Jahrzehnten gefestigt hat.

Diese Problematik betrifft weit mehr Unternehmen, als man vermuten möchte. 80 000 Firmen geraten nach Informationen des Magazins *Impulse* jedes Jahr in Not, weil Seniorchefs die Übergabe an den Nachfolger torpe-dieren.[14] Die Beispiele, wo Unternehmen an der Nachfolge zerbrachen, sind Legende: Josef Neckermann ließ seinen Sohn nie richtig ans Ruder – der Konzern musste verkauft werden. Die Kölner Schokoladenfabrik Stollwerck wechselte den Besitzer, weil der Übergang von Senior Hans Imhoff misslang. Auch Quelle-Chefin Grete Schickedanz konnte nicht loslassen und zog sich erst mit 75 von der Konzernspitze zurück – die Folgeprobleme des Konzens sind bekannt. Die Liste ließe sich fortsetzen. Grund genug, die Nachfolge zu einem Topthema in der Laufbahn jedes Vorstands zu machen. Dies ist Auf-gabe des CEO, sei er Topmanager oder Unternehmensgründer und Patri-arch. Nur er kann die notwendigen Schritte einleiten. Und es ist eine Frage der Kommunikation, die richtigen Signale für den Wechsel auszusenden.

Selten ging ein Wechsel an der Spitze eines Konzerns so glatt und ohne viel Aufhebens vor sich wie bei der Siemens AG im Januar 2005: »Ein Stab-wechsel wie aus dem Bilderbuch«[15], der im Unterschied zu VW indessen auch vollzogen wurde. Im Juli 2004 hatte der gemessen an der Mitarbeiter-zahl zweitgrößte deutsche Konzern erklärt, dass Klaus Kleinfeld, der Sanie-rer des USA-Geschäfts, das Rennen um die Nachfolge von Heinrich von Pierer auf dem Chefsessel gemacht hatte. Von da an lief die drehbuchmä-ßige Dramaturgie. »Selten zuvor wurde ein Führungswechsel so staatsmän-nisch geplant, und selten wird ein Chef eines Weltkonzerns weniger staats-tragend auftreten als Kleinfeld«, befand die *Süddeutsche Zeitung*.[16] Und notierte weiter: »Ein ausgeklügelter Ablaufplan steuerte die letzten Wochen der Machtübergabe an den impulsiven Pierer-Zögling. Den Kanzler hat er jüngst getroffen, außerdem einige Ministerpräsidenten, bei Angela Merkel saß er auf der Couch, auch Außenminister Joschka Fischer und Frankreichs Staatspräsident Jacques Chirac standen auf der Besuchsliste.« Selbst den Machthabern in China stattete Kleinfeld bereits frühzeitig einen Antrittsbe-such ab. Ziel der gesamten, sich über Wochen hinziehenden Inszenierung war, dass der Neue an der Spitze des Traditionsunternehmens von der ers-ten Minute an auf eines der Herzstücke von Siemens, das engmaschige Netzwerk, zurückgreifen konnte. Doch hatte von Pierer seinem Nachfolger keinesfalls ein geordnetes Haus hinterlassen – eher die Last des strategi-schen Konzernumbaus. Aber er hat jedermann nach innen und nach außen signalisiert: Das ist mein Mann, er hat mein Vertrauen und ich möchte, dass alle anderen ihn bei der Umsetzung seines Auftrags unterstützen.

Ähnlich klar und gut vorbereitet vollzog sich auch der Wechsel an der Spitze von IBM im Jahr 2002. Louis Gerstner, der in den schweren Branchenzeiten bis Ende 2002 als Präsident fungierte, hatte seinen Nachfolger Samuel J. Palmisano gezielt aufgebaut, schon eineinhalb Jahre vor dem Machtwechsel inoffiziell als Kronprinzen nominiert und zum Chief Operating Officer (COO) ernannt. Als Arbeitsstütze wurde Palmisano der erfahrene John Thompson zur Seite gestellt, der in den Ruhestand wechselte, als Palmisano dann das Ruder im Konzern übernahm. Damit war nicht nur eine fundierte Einarbeitung des neuen Chefs gewährleistet, sondern auch ein klarer Generationswechsel.

Im Folgenden werden einige Vorschläge für die Gestaltung des Übergangs unterbreitet.

Den Nachfolger richtig einführen und eine saubere Übergabe organisieren

Die Beispiele IBM, Siemens und VW zeigen: Planung und Inszenierung sind wichtige Werkzeuge eines Abgangs. Noch-Vorstand und zukünftiger CEO sollten so weit wie möglich die Wochen vor dem Übergang gemeinsam gestalten. Es gilt: kein Auftritt ohne Absprache – sei es in der Öffentlichkeit, vor Mitarbeitern, vor Shareholdern oder anderen Gruppen! Zudem sollte klar festgelegt werden, ab wann man gegenüber bedeutenden Gesprächspartnern als Duo auftritt. Auch der Zeitpunkt der Übergabe der Amtsgeschäfte sollte langfristig festgelegt werden. Professor Stefan Bieler von der Fachhochschule für Wirtschaft in Hannover empfiehlt sogar, bei lange geplanten Übergaben mit Übergangszeiten einen späteren Termin zu kommunizieren als den tatsächlich geplanten.[17] Gehe man früher, werde dies vor allem von den Mitarbeitern als Vertrauensbeweis für den Nachfolger erlebt. Eine Verlängerung der Übergangsphase hingegen könne als Misstrauensvotum ausgelegt werden. Und es birgt, wie das Beispiel Jack Welch zeigt, die Gefahr, dass widrige Umstände den glanzvollen Abgang zunichte machen.

Gibt es eine Übergangsphase, in der ein Nachfolger bereits im Unternehmen ist, empfiehlt sich eine strenge Aufgaben- und Kompetenzaufteilung. Zur Absicherung einer Erfolgswahrnehmung sollte der Nachfolger vor dem offiziellen Amtsantritt mit solchen Aufgaben betraut werden, bei denen schnell kommunizierbare Erfolge erkennbar sind. So hat der Neue einen guten Einstieg – und der im Gehen begriffene CEO beweist, dass er souverän genug ist, einen starken Nachfolger zu ertragen.

Die Weichen für die Zukunft von Unterstützern und Weggefährten stellen

Auch wenn ein Teil der Mannschaft bleibt: Der »Inner Circle« um den scheidenden Vorstand wird in der Regel an Einfluss verlieren. Insofern sollte der CEO für jene Mitarbeiter, die ihn lange Zeit unterstützt haben, schon frühzeitig die Karriereweichen stellen – das gebietet schon allein der gute Stil. Insbesondere die Zukunft des Kommunikationschefs steht mit einem Wechsel des CEO zur Debatte. Der scheidende CEO sollte deshalb »seinen« Kommunikationschef dem Nachfolger anempfehlen – sofern Konstellationen und Agenden zusammenpassen. Denn gerade er kann dem neuen CEO ein verlässlicher Navigator und Berater sein. Seine Unterstützung vor allem in der Übergangszeit hilft Fehler zu vermeiden und die gewünschte Wahrnehmung zu erzielen.

Keine schmutzige Wäsche waschen

Offene Rechnungen, mit wem auch immer, sind bei der Inszenierung des Abgangs tabu. Konflikte, die bis jetzt nicht ausgetragen wurden, sind Geschichte. Nachtreten ist verboten, denn es hinterlässt einen negativen Eindruck, wie das Beispiel KarstadtQuelle illustriert. Nun gilt es, »drüber zu stehen« und Milde walten zu lassen.

Symbole für die Zäsur setzen und einen würdevollen Ausstieg sicherstellen

Wer seinem Nachfolger Steine in den Weg legt, ihm zu wenig Freiräume lässt, gilt leicht als Egomane, der auf Kosten des Unternehmenswohls seine Eitelkeiten pflegt. Gibt ein CEO seinem Nachfolger in den letzten Monaten seiner Amtszeit allerdings völlig freie Hand, riskiert er eine unerwünschte Umdeutung seiner persönlichen Leistungsbilanz. Die Frage, inwieweit sich der scheidende CEO noch in strategische Entscheidungen einschaltet, bleibt eine heikle. In jedem Fall empfiehlt es sich, durch eine eindeutige Symbolik den Wechsel deutlich zu machen. Nur so wird einprägsam vermittelt, dass tatsächlich ein Neuanfang ansteht und eine Ära zu Ende geht. Gut geeignet dafür ist zum Beispiel eine »Abschiedstournee«, in deren Rahmen der CEO sich bei Mitarbeitern, Kollegen und Geschäftspartnern bedankt und gleichzeitig den verschiedenen Bezugsgruppen des Unternehmens seinen Nachfolger vorstellt.

Ebenso wichtig ist ein angemessener Rahmen für die Abschiedsveranstaltung. Dabei gilt es, der Gefahr einer zu pompösen Inszenierung zu widerstehen. Die Feier muss angemessen sein und darf keinesfalls überzogen wirken – man muss dabei jedoch nicht so viel Understatement an den Tag legen wie der Bosch-Konzern. Als im Sommer 2003 Herrmann Scholl, bis dato Chef des weltweit zweitgrößten Automobilzulieferers, den Stab an Franz Fehrenbach übergab, wurde auf jegliche Feierlichkeiten verzichtet. Auf die entscheidende Aufsichtsratssitzung folgte ein kurzes Mittagessen im Kreise der Aufsichtsräte – und das war es dann auch. Keine feierliche Verabschiedung, keine Veranstaltung für die Mitarbeiter, keine persönlichen Abschiedsworte. Knapper kann man einen Abschied nach zehn Jahren an der Spitze eines Weltkonzerns kaum vollziehen. Zu viel Understatement kann allerdings auch problematisch sein und – ähnlich wie die fehlenden Dankesworte an Jürgen Schrempp – Spekulationen nähren. So musste der damalige Bosch-Kommunikationschef Frank Breitsprecher Anfragen von Seiten der Medien hinsichtlich der dürren Zeremonie beantworten – und tat dies mit dem lapidaren Hinweis, eine große Feier passe nicht zu Bosch.[18]

Insgesamt bleiben die letzten hundert Tage eine schwierige Gratwanderung. Umso wichtiger sind eine klare Symbolik und eine präzise Inszenierung. Denn der Führungswechsel entscheidet darüber, wie das Lebenswerk des scheidenden Vorstands wahrgenommen wird, aber auch über die Startbedingungen des Neuen im Amt.

Anmerkungen

1 Bergmann, J.: »Der tanzende Elefant«, in: *brand eins*, Nr. 01/2002, S.46-51, hier S.50

2 vgl. Rossmann, R.: »Leises Servus«, in: *Süddeutsche Zeitung*, 23.06.2006

3 zit. n. o.V.: »Ein Abgang wie die ganze Karriere – Presseschau zum Fischer-Abschied«, *Spiegel online*, 21.09.2005, http://www.spiegel.de/politik/deutschland/0,1518,375737,00.html

4 Hawranek, D.: »Chaostage im Bullshit Castle«, in: *Der Spiegel*, 03.05.2004

5 Dalan M.: »Stern auf Crashkurs«, in: *Die Welt*, 11.02.2005

6 Büschemann, K.-H.: »Zeitenwende bei Daimler«, in: *Süddeutsche Zeitung*, 30.07.2005

7 zit.n. Felixberger, P.: »Der Arbeiter«, in: *brand eins*, Nr. 05/2006, S.83-87, hier S.85

8 Middel, A.: »Schröder wirft Karstadt-Managern Versagen vor«, in: *Die Welt*, 01.10.2004

9 Wetzel, D.G.: »Eon-Chef Hartman übergibt Bernotat ein wohl bestelltes Haus« in: *Die Welt*, 02.05.2003

10 Stuhr, A.: »Piëchs langer Schatten«, *manager magazin online*, 10.04.2003 http://www.managermagazin.de/unternehmen/maechtigste/0,2828,244033,00.html

11 Reitz, U.: »Piëchs langer Schatten«, in: *Welt am Sonntag*, 08.09.2002

12 Peitsmeier, H.: »Piëch demontiert VW-Chef Pischetsrieder«, faz.net, 02.03.2006, http://fazarchiv.faz.net/FAZ.ein

13 Bergmann, J.: »Das Scheidungskind«, in: *brand eins*, Nr. 01/2002, S.20-25, hier S.21

14 Plüskow, H.-J.: »Im Schatten der Überväter«, in: *Impulse*, 01.06.2001, S.38

15 Wuttke, W. / Schwitalla, T. / Deges, S. / Schöneberger, M: »Stuttgarter Stühlerücken«, in: *Rheinischer Merkur*, 04.08.2005

16 Balser, M.: »Der Aufsteiger aus dem Arbeiterviertel«, in: *Süddeutsche Zeitung*, 21.01.2005

17 vgl. Bieler, S.: »Stabwechsel im Familienunternehmen«, in: *Handelsmagazine*, Nr. 03/2004

18 vgl. o.V.: »Stabwechsel bei Bosch«, *Stern online*, 23.07.2003, http://www.stern.de/wirtschaft/unternehmen/510729.html?nv=cb

Postskriptum

Total normal

Topmanager bewegen sich – kaum vermeidlich – in einer
artifiziellen Businesswelt, abgeschottet vom normalen Alltagsleben jenseits ihres Jobs. Die Gefahr: Realitätsverlust. Um
seine Reflexionsfähigkeit zu erhalten und mit allen Bezugsgruppen kommunikationsfähig zu bleiben, sollte der CEO sein
Verhältnis zur Realität organisieren und seine disparaten
Lebenswelten in Einklang bringen.

Der arabische Herrscher Harun al Rashid, so steht es im dritten Band der
Erzählungen aus 1001 Nacht, hatte sich selbst die Verpflichtung auferlegt,
auf die gute Ordnung in seiner Hauptstadt und in der Umgebung persönlich
ein wachsames Auge zu haben. Um sich selbst ein Bild zu machen, kleidete
er sich wie ein fremder Kaufmann und begab sich in Begleitung seines Groß-
wesirs in die Stadt, um den Geschichten zu lauschen, die dort erzählt wurden. So erfuhr er mehr, als seine Berater im Palast ihm berichten konnten –
und vor allem erfuhr er es direkt und ungefiltert: ein Blick auf das wirkliche
Leben. Als kluger Herrscher interessierte sich Harun al Rashid vor allem dafür, was seine Untertanen über ihn und sein Regiment dachten. So konnte er
das, was er hörte, unmittelbar in Politik umsetzen. »Harun Al-Raschid ist
eine Metapher für den Mächtigen, den Herrscher, der durch das Zuhören
und die Annäherung an die Lebensverhältnisse der Menschen zu Weisheit
gelangt – jenseits der engen Wahrnehmungsgrenzen im Palast oder vom
Thron herab«, erläutert der Buchautor Hermann Sottong, der die Storytel-
ling-Methode als Führungsinstrument propagiert und Harun al Rashid zur
Leitfigur seines Buchs gemacht hat.[1] Harun al Rashid durchbricht die Wahrnehmungsgrenzen, die ihm sein Beruf als Herrscher auferlegt; er erweitert
seinen Horizont, indem er machtbedingte Wahrnehmungshürden aus dem
Weg räumt und sich einen unverstellten Blick auf die Wirklichkeit sichert.

Sich unerkannt ins wirkliche Leben zu stürzen, ist eine Methode, die in
vielen Märchen und Fabeln thematisiert ist. Nicht umsonst, denn der Ver-

lust des Realitätsbezugs ist eine allzu menschliche Eigenschaft, eine Eigenschaft, die – sofern es sich nicht um eine Persönlichkeitsstörung handelt – oftmals mit einer sehr intensiven Konzentrationsleistung einhergeht. Wer sich intensiv mit einer Sache beschäftigt, dem kann phasenweise die Wirklichkeit aus dem Blick geraten: das Kind, das gedankenverloren auf die Straße stolpert, ohne den Verkehr zu beachten; der Künstler, der über seiner Arbeit die Umwelt vergisst; oder der Buchautor, der über seinem Manuskript nicht bemerkt, wie die Zeit vergeht. Zum Erleben des Flow gehört auch das Sich-Verlieren in einer Tätigkeit. Insofern ist ein Verlust an Realitätswahrnehmung keineswegs nur negativ zu sehen, sondern die Kehrseite von Konzentration und intensiver, fordernder Arbeit, wie sie auch die Tätigkeit des Topmanagers auszeichnet.

Doch bergen Einbußen der Realitätswahrnehmung auch erhebliche Gefahren. Darum geht es in diesem Abschnitt, den wir als Postskriptum verstehen – es handelt sich mehr um einen Nachtrag denn um ein eigenes inhaltliches Kapitel. Am Ende dieses Buchs möchten wir unseren Lesern einige Gedanken mit auf den Weg geben, die über unser Thema hinausreichen, aber doch dazugehören. Als Postskriptum bezeichnen wir diese Überlegungen aus gutem Grund: Wir möchten nicht den Eindruck erwecken, besserwisserisch Ratschläge zur individuellen Lebensplanung geben oder das Idealbild des »guten Managers« zeichnen zu wollen. Vielmehr argumentieren wir aus der Perspektive des kommunikativen Nutzens. Es geht darum, trotz intensiver beruflicher Belastung seine Wahrnehmungs- und Dialogfähigkeit zu erhalten. Dazu bedarf es gelegentlich eines Anstoßes – von außen. Dies lehrt nicht zuletzt die Geschichte von Harun al Rashid. Denn der kam keineswegs aus eigenem Antrieb auf die Idee, verkleidet durch sein Reich zu ziehen, um zu sehen, ob dort alles in Ordnung sei. Vielmehr war es sein Großwesir, der den Herrscher an seinen Vorsatz erinnerte, als der, von Trübsal geplagt, teilnahmslos in seinen Gemächern saß.[2]

Topmanager bewegen sich – unvermeidlich – überwiegend in einer Businesswelt. Sie verbringen ihre Zeit im Office, in Hotels, auf Flughäfen, in Flugzeugen – eine artifizielle Welt. Dies gilt insbesondere für Topmanager internationaler Konzerne. Die Bodenhaftung geht verloren. Topmanager bewältigen ein oftmals zeitraubendes Arbeitsprogramm: 16, 18, 20 Stunden dauern die Tage. In einem solchen Fahrplan sind Alltagserlebnisse selten. Freunde, Familie, Kultur, Freizeit – alles tritt zurück.

Topmanager sind herausgehobene Persönlichkeiten. Sie stehen im Mittelpunkt. Alles dreht sich um sie. Sie spielen immer eine Hauptrolle. Ihre Auftritte werden inszeniert. Berichterstattung und Medienpräsenz verleihen ihnen Bedeutung, schmeicheln dem Selbstwertgefühl, verstärken die Aura von Außerordentlichkeit. Topmanager leben gefährlich, weil ihre Arbeits- und Lebensweise fatale Folgen haben kann: Entfremdung von persönlichen, kulturellen und örtlichen Bezügen. Verlust von Distanz zu sich selbst und, damit verbunden, der Reflexionsfähigkeit über sich selbst. Verlust von Empathiefähigkeit und einer geerdeten Urteilskraft, die man als »gesunden Menschenverstand« bezeichnen kann. Letztlich droht derart abgehobenen und abgekoppelten Menschen die Selbstüberschätzung, im Extrem der Größenwahn. Hinzu kommt die Macht, die mit der einsamen Position an der Spitze verbunden ist. »Es ist das Gefühl von Macht, das Konzernchefs häufig dazu verleitet, die Realität zu verkennen«, notierte die *Süddeutsche Zeitung* in einer Kolumne zum Fall des Pfizer-CEO Henry McKinnell, der im Sommer 2006 wegen schwacher Leistungen seinen Hut nehmen musste.[3] Zu spät hatte der Autokrat McKinnell bemerkt, dass die Börse seinen Kurs nicht mehr mittragen wollte – ein aktueller Fall unter vielen, der für den Realitätsverlust in Führungspositionen stehen kann.

Topmanager müssen sich diese Gefahren bewusst machen, um sich gegen sie zu immunisieren. Wie dies Jürgen Dormann, der frühere Chef von Hoechst und Aventis, getan hat. Während viele seiner Kollegen das Selbstbild des Workaholics pflegen, bekannte Dormann offen, nicht 16 Stunden am Tag arbeiten zu wollen, und empfahl das zur Nachahmung: »Ich möchte auch nicht, dass meine Kollegen sich diesen Arbeitsstil aneignen. Wir brauchen Zeit zum Nachdenken.«[4] Eine solche Arbeitshaltung mag im Sinne einer guten Lebensführung geboten erscheinen, zum Erhalt der selbstkritischen Reflexionsfähigkeit – und darum geht es hier ausschließlich – ist sie unverzichtbar. Denn hierfür ist die Zeit zum Nachdenken notwendig. Um seine Dialogfähigkeit zu erhalten und mit Shareholdern, Mitarbeitern, Führungskräften, Gewerkschaftsvertretern, Kunden, Geschäftspartnern und Vertretern von Journalismus, Politik und Öffentlichkeit Austausch zu pflegen, muss der CEO seinen Bezug zur Realität organisieren und seine disparaten Lebenswelten in Einklang bringen. Es gilt, Bezüge zum Alltagsleben zu erhalten oder wiederherzustellen. Im Folgenden beschreiben wir einige Ansätze hierzu.

Alltagserlebnisse organisieren

In einem durchorganisierten Arbeitsalltag geraten alltägliche Dinge leicht in eine Randlage. Alles andere hat Priorität. Es fehlt an Zeit und Kraft, sich mit anderen Themen zu beschäftigen. Sich hier Freiräume zu verschaffen bedeutet erneute Kraftanstrengung. Wohlgemerkt, es geht hier nicht um wohltemperierte Work-Life-Balance – für Topmanager ist das ein lebensfernes Konzept. Aber es geht um richtig dosiertes Alltagsleben. Auch das braucht seine Zeit, und die sollte rigoros genommen und freigehalten werden, selbst wenn das generalstabsmäßige Planung und hohe Disziplin erfordert. Das Engagement in der Schule der Kinder, Pflege von Freundschaften völlig außerhalb seiner Arbeits- und Einflusssphäre, mal wieder einkaufen, den Urlaub selber planen und organisieren… Es gibt viele – rührend einfache – Beispiele für alltägliche Aktivitäten, die Hochleistungsmanagern zu einem außerordentlichen Erlebnis werden können. Außerdem bietet das Arbeitsmilieu Gelegenheiten für Begegnungen der normalen Art. Zum Beispiel das von Bernhard, Ricke, Zetsche und anderen Managern der neuen Generation praktizierte Mittagessen in der Werkskantine. Hier bietet sich die Möglichkeit zu informellen Gesprächen über soziale Gruppengrenzen hinweg. Im Privatleben bieten die viel geschmähten Vereine die Möglichkeit, Sozialkontakte mit Angehörigen unterschiedlicher Gruppen und Milieus zu organisieren. Denn die Ausbildung elitärer Managerzirkel mit Eliteausbildung, Elitehobbys und elitären Konsumgewohnheiten – vom Maßschneider bis zum Luxushotel – beinhaltet die Gefahr sozialer Abschottung und damit den Verlust der Dialogfähigkeit mit anderen sozialen Gruppen. Kommunikation setzt gemeinsame Erfahrungen voraus.

Seine Rolle relativieren

Die Machtfülle verleitet zu einigen Irrtümern die eigene Person und Rolle betreffend. Dazu gehört das Gefühl von Außerordentlichkeit, Unangreifbarkeit, Größe! Die selbstkritische Distanz ist überlebenswichtig. Auch in der Geschäftswelt gilt ein Axiom: Hochmut kommt vor dem Fall! Beschäftigung mit Literatur – wir reden nicht von Fachliteratur –, Konfrontation mit darstellender Kunst, Auseinandersetzung mit philosophischen und religiösen Fragen – Beschäftigungen dieser Art ermöglichen Reflexionen und Demutserlebnisse.

Privat- und Businesswelt trennen

Stark fordernde Jobs entwickeln eine Sogwirkung, die auch den privaten Bereich mit erfasst; das berufliche Leben greift mehr und mehr auf das private über. Dem gilt es vorzubauen – die Trennung der Welten ist das Gebot. Das Ziel ist der Schutz der businessfernen Erfahrungsräume – die für andere Menschen auch Schutzräume sein können. Ein wunderschönes Beispiel wird von Paul McCartney berichtet: Dessen Tochter, so heißt es, habe im Alter von acht Jahren im Fernsehen einen Bericht über ihren Vater gesehen und ihn erstaunt gefragt: »Are you Paul McCartney?« An eine Trennung von Beruf und Privatleben hält sich offenbar auch Harry Roels, der Vorstandsvorsitzende der RWE AG, der eine Bemerkung über seine angeblich zu geringe öffentliche Präsenz mit der Klarstellung konterte, er wolle kein »Ruhrbaron« sein. Roels fügte hinzu, auch seine Frau habe Karriere gemacht und Anspruch darauf, dass er sie begleite.[5]

Eine Lebensagenda erstellen

Mit dem Begriff »Agenda« verbindet sich in unseren Ausführungen eine gewichtige konzeptionelle Kategorie: Die unternehmerische Agenda, davon abgeleitet die kommunikative Agenda – das alles muss gesetzt, geordnet und hernach Punkt für Punkt realisiert werden. Viel Arbeit kommt auf diese »Agendasetter« zu, sodass kaum Zeit bleibt für die fundamental wichtigste Aufgabe: die Ordnung der persönlichen – eben auch privaten – Prioritäten im Rahmen oder in der Form einer Lebensagenda. Hier geht es darum, die disparaten Lebenswelten zu organisieren oder, besser miteinander in Einklang zu bringen. Die unterschiedlichsten Bedürfnisse und widersprüchlichsten Ziele müssen überhaupt einmal formuliert sein, bevor man seine Ordnung finden kann. Dabei sind die Fragen zunächst einfach, fast muten sie naiv an. Ihre Beantwortung verlangt dennoch einiges an Reflexion und Auseinandersetzung:

- Wie viel Geld will ich eigentlich verdienen?
- Und – vor allem – wozu?
- Wie definiere ich meine Lebensabschnitte?
- Was mache ich vor und nach meinem Ausstieg?
- Wie möchte ich die Welt erleben?
- Was sind meine großen Sehnsuchtsprojekte?

Die Liste von Fragen ließe sich über Seiten ziehen, endlos lang…

Am Ende unseres Buchs steht deshalb nur noch ein Hinweis: Die Auseinandersetzung mit seinem persönlichen Lebensentwurf schafft Distanz zu eigenen Rollen, erweitert das Blickfeld, ermöglicht Selbstgewissheit. Hier liegt die Quelle zu großer Gelassenheit und die wiederum ist eine der besten Voraussetzungen für erfolgreiche CEO-Kommunikation.

Anmerkungen

1 zit. n. Felixberger, P.: »Gestatten, Langohr«, *changeX*, 06.04.2004, http://changex.de/d_a01410.html
2 vgl. o.V.: »Die Abenteuer des Kalifen Harun Arraschid«, Projekt Gutenberg-DE, http://gutenberg.spiegel.de/weil/1001/band3/harun.htm
3 Oldag, A.: »Top-Managern Grenzen setzen«, in: *Süddeutsche Zeitung*, 31.07.2006
4 zit. n. Enzweiler, T.: »Jürgen Dormann, ›Magic Dorman‹, öffnete die Festung Hoechst«, in: *Die Welt*, 16.03.1999
5 zit. n. Hennes, M.: »Ich bin kein Ruhrbaron«, in: *Handelsblatt*, 17.11.2005

Literatur

Die aufgeführten Publikationen haben uns während der Arbeit begleitet und Anregungen gegeben. Sie sind zu großen Teilen in Form von entsprechend gekennzeichneten Zitaten in die Veröffentlichung eingeflossen und eignen sich für den Leser, Einzelaspekte zu vertiefen.

Bauhofer, B.: *Reputation Management. Glaubwürdigkeit im Wettbewerb des 21. Jahrhunderts*, Zürich 2004.

Baums, T.: »Corporate Governance – aktuelle Entwicklungen«, in: *IRP - Rechtspolitisches Forum*, Nr. 12, 2003.

Bazil, V.: *Impression Management. Sprachliche Strategien in Reden und Vorträgen*, Wiesbaden 2005.

Bentele, G./Großkurth, L./Seidenglanz, R.: *Profession Pressesprecher. Vermessung eines Berufsstandes*, Berlin 2005.

Dabringhausen, M.: »Gute Organisatoren, aber schlechte ›Leader‹« in: *Refa-Nachrichten* 01/2003, Darmstadt 2003.

Deekeling, E./Fiebig, N. (Hg.): *Interne Kommunikation. Erfolgsfaktor im Corporate Change*, Wiesbaden 1999.

Deekeling, E./Barghop, D. (Hg.): *Kommunikation im Corporate Change. Maßstäbe für eine neue Managementpraxis*, Wiesbaden 2003.

Dormann, J.: *Die andere Wirklichkeit – Zum Verhältnis zwischen Unternehmen und Medien*, Rede bei der Verleihung des Ernst-Schneider-Preises, Frankfurt 1995.

Dudenredaktion (Hg.): *Duden. Das Fremdwörterbuch, 7. neu bearbeitete und erweiterte Auflage*, Mannheim 2001.

Eichenwald, K.: *Verschwörung der Narren. Eine wahre Geschichte*, München 2006.

Esposito, E.: »Macht als Persuasion oder Kritik der Macht«, in: Werber, N./ Maresch, R.: *Kommunikation, Medien, Macht*, Frankfurt am Main 1998.

Falter, J. W.: *Politik als Inszenierung. Ein Essay über die Problematik der Mediendemokratie*, Mainz 2002.

Fischer, P.: *Neu auf dem Chefsessel. Erfolgreich durch die ersten 100 Tage*, Frankfurt am Main 2005.

Frindte, W.: *Einführung in die Kommunikationspsychologie*, Weinheim 2001.

Furbach, U./Groß-Hardt, M./Thomas, B./Weller, T./Wolf, A.: *Issues Management. Erkennen und Beherrschen von kommunikativen Risiken und Chancen*, Frankfurt am Main 2003.

Gaines-Ross, L.: *CEO Capital. A Guide to Building CEO Reputation and Company Success*, Hoboken (New Jersey) 2003.

Hengsbach, F. SJ.: *Moral an der Börse?*, Frankfurt am Main 2005.

Henzler, H. A.: *Das Auge des Bauern macht die Kühe fett. Ein Plädoyer für Verantwortung und echtes Unternehmertum*, München 2005.

Hilse, M.: »Issues Management – Regie statt Reaktion«, in: *pressesprecher* 01/2004.

Hinterhuber, H. H.: *Leadership. Strategisches Denken systematisch schulen von Sokrates bis Jack Welch*, Frankfurt am Main 2004.

Jackob, N.: »Überzeugend argumentieren mit Fallbeispielen, Anekdoten und Statistiken – Zum Einsatz von Beweismitteln in der persuasiven Kommunikation«, in: *Fachjournalist* Nr. 16/2005.

Kirchhoff, K. R./Piwinger, M.: *Praxishandbuch Investor Relations. Das Standardwerk der Finanzkommunikation*, Wiesbaden 2005.

Kirmse, D.: *Die persönliche Haftung des Vorstandes nach den BGH-Urteilen vom 19.07.2004*, Leipzig 2005.

Kiss, P.: »In guten wie in schlechten Zeiten – bis der Anleger entscheide/ Die Grundsätze der Finanzkommunikation gelten auch und gerade in der Baisse«, in: *Börsen-Zeitung*, Frankfurt am Main 2001.

Klotzki, P.: *Wie halte ich eine gute Rede?*, München 1999.

Löhner, M.: *Führung neu denken. Das drei-Stufen-Konzept für erfolgreiche Manager und Unternehmen*, Frankfurt am Main 2005.

Machiavelli, N.: *Der Fürst*, Stuttgart 1955.

Messedat, J.: *Corporate Architecture*, Ludwigsburg 2005.

Mohn, R.: *Menschlichkeit gewinnt*, München 2000.

Mohn, R.: *Die gesellschaftliche Verantwortung des Unternehmers*, München 2003.

Neumann, R./Ross, A.: *Der perfekte Auftritt. Erste Hilfe für Manager in der Öffentlichkeit*, Hamburg 2004.

Nolmans, E.: *Josef Ackermann und die Deutsche Bank. Anatomie eines Aufstiegs*,
Zürich 2006.

Opitz, G.-D.: »›Melkkühe‹ in ›Luftkriegen‹« – Der Präsidentschaftswahlkampf 2004, in: *Frankfurter Hefte* 10/2004.

Piwinger, M./Strauss, S.N.: »Präzise, aufrichtig und transparent informieren. Investor Relations als hochgradig reglementierte Kommunikationsdisziplin«, in: *PR-Guide-Online*, Frankfurt am Main/München 2002.

Posner, E./Posner-Landsch, M.: »Unternehmenskommunikation«, in: Russ-Mohl, S./Held, B. (Hg.): *Qualität durch Kommunikation sichern*, Frankfurt am Main 2000.

Posner-Landsch, M.: »Wirtschaftsjournalismus und Storytelling. Nichts ist spannender als Wirtschaft«, in: Krzeminski, M. (Hg.): *Professionalität der Kommunikation. Medienberufe zwischen Auftrag und Autonomie*, Köln 2001.

Rappaport, A.: *Shareholder-Value. Ein Handbuch für Manager und Investoren*, 2. vollständig überarbeitete und aktualisierte Auflage. Aus dem Amerikanischen von Manfred Klein, Stuttgart, 1999.

Repräsentanz Expert. (Hg.): *Corporate Speaking. Auftritte des Spitzenmanagements*, Bonn und London 2004.

Ries, A./Trout, J.: *Positioning: The Battle for Your Mind*, New York 2001.

Rölz, P.: »Nur redliche Chefs sind gute Chefs«, in: *manager magazin* 06/2005.

Schalast, C.: »Enger Rahmen«, in: *pressesprecher* 06/2005.

Schulz von Thun, F.: *Miteinander reden 1. Störungen und Klärungen – Allgemeine Psychologie der Kommunikation*, Hamburg 1981.

Schulz von Thun, F.: *Miteinander reden 2. Stile, Werte und Persönlichkeitsentwicklung – Differenzielle Psychologie der Kommunikation*, Hamburg 1989.

Seifert, W.: *Invasion der Heuschrecken. Intrigen – Machtkämpfe – Marktmanipulationen*, Berlin 2006.

Sennett, R.: *Der flexible Mensch. Die Kultur des neuen Kapitalismus*, Berlin 2005.

Sollmann, U.: *Schaulauf der Mächtigen. Was uns die Körpersprache der Politiker verrät*, München 1999.

Spies, S.: *Authentische Körpersprache. Ihr überzeugender Auftritt im Beruf. Erfolgsstrategien eines Regisseurs*, Hamburg 2004.

Steinmetz, H.: *Kommunikation für Führungskräfte. Der gezielte Dialog im Unternehmen*, Frankfurt am Main 2005.

Träm, M.: *Führung braucht Zeit. Der Mythos der ersten 100 Tage*, München 2002.

Trotha, Thilo von: *Reden professionell vorbereiten*, Regensburg 2002.

Wachtel, S.: *Rhetorik und Public Relations. Mündliche Kommunikation von Issues*, München 2003.

Wegener, C.: »Wo steht eigentlich Schröder? Zum Verhältnis von politischer und medialer Realität«, in: *medien praktisch*, Sonderheft Nr. 05, Frankfurt am Main 2002.

Witzer, B.: *Die Zeit der Helden ist vorbei. Persönlichkeit, Führungskunst und Karriere: Anleitung für ein postheroisches Management*, Heidelberg 2005.

Young J./Simon W. L.: *Steve Jobs und die Geschichte eines außergewöhnlichen Unternehmens*, Frankfurt 2006.

Záboji, P. B.: *Change! Gestalten Sie Ihr Unternehmen von morgen*, München 2002.

Studien

Verschiedene Studien, die Einblick in Umfeld und Anforderungen an das Topmanagement geben, haben dazu beigetragen, das Thema von verschiedenen Seiten beleuchten zu können.

Burson-Marsteller: *CEO Reputation Studie Deutschland 2006*, Frankfurt am Main 2006.

Burson-Marsteller: *Closing the Communication's Gap. A New Seat at the Board*, New York 2005.

Booz Allen Hamilton/The Aspen Institute: *Deriving Value from Corporate Values*, New York 2005.

Booz Allen Hamilton (Lucier, C./Schuyt, R./Tse, E.): *CEO succession 2004. The World's Most Prominent Temp Workers*, 2005.

Booz Allen Hamilton, c-trust: *Wertkreation mit Kommunikation. Herausforderungen und Perspektiven für Unternehmen, Produkte und Marken*, Frankfurt am Main 2004.

Deloitte: *Certainty of Change*, 2003.

Deloitte: *Haftungsrisiko Corporate Governance. Wie deutsche Unternehmen die aktuelle Situation beurteilen*, München/Düsseldorf 2005.

Figge, F.: *Stakeholder Value Matrix. Die Verbindung zwischen Shareholder and Stake-holder Value*, Studie des Center for Sustainability Management e.V., Lüneburg 2002.

Freie Universität Berlin, Institut für Publizistik und Kommunikationswissenschaften: *Die Rolle des CEO in der Unternehmenskommunikation*, Berlin 2005.

Hill & Knowlton, Economist Intelligence Unit: *Corporate Reputation Watch 2004*, 2004.

Hochschule für Wirtschaft/Luzern, Institut für Wirtschaftskommunikation: *Interne Kommunikation in der Schweiz: Status quo und Potenziale. Ergebnisse einer Befragung*, Luzern 2005.

Huck, S.: *Internationale Unternehmenskommunikation. Ergebnisse einer qualitativen Befragung von Kommunikationsverantwortlichen in 20 multinationalen Unternehmen*, Stuttgart 2005.

Institut für Demoskopie Allensbach/Deekeling Identity & Change (heute *Deekeling Arndt Advisors): Kommunikationsverhalten deutscher CEOs. Ergebnisse einer Expertenbefragung 2005*, Allensbach 2005.

Publicis Sasserath Brand Consultancy BR&D: *Fehlverhalten von CEOs schadet Markenimage*, Berlin 2004.

Ruhr-Universität Bochum: *New Economy zwischen Tradition und Innovation*, Bochum 2002.

TNS Emnid/Burson-Marsteller: *Studie zur Bedeutung der Reputation von Unternehmenschefs in Deutschland*, Bielefeld 2005.

Personenregister

Sachregister